建筑设计与人工智能技术应用研究

郭　建　郭　婺◎著

中国原子能出版社

图书在版编目（CIP）数据

建筑设计与人工智能技术应用研究 / 郭建，郭婺著
. --北京：中国原子能出版社，2024.8
ISBN 978-7-5221-3360-7

Ⅰ. ①建… Ⅱ. ①郭…②郭… Ⅲ. ①人工智能–应用–建筑设计–研究 Ⅳ. ①TU2

中国国家版本馆 CIP 数据核字（2024）第 077886 号

建筑设计与人工智能技术应用研究

出版发行	中国原子能出版社（北京市海淀区阜成路 43 号 100048）
责任编辑	张 磊
责任印制	赵 明
印　　刷	北京九州迅驰传媒文化有限公司
经　　销	全国新华书店
开　　本	787 mm×1092 mm 1/16
印　　张	16.25
字　　数	242 千字
版　　次	2024 年 8 月第 1 版 2024 年 8 月第 1 次印刷
书　　号	ISBN 978-7-5221-3360-7 **定 价 78.00 元**

电话：010-88821568

前　言

建筑设计从来都不是脱离技术的“空中楼阁”，各种建造技术、材料技术贯穿于建筑设计的全过程之中。一座好的建筑，不仅具有通常意义的美感，更应遵循建造的原则与逻辑，展现出时代的技术美。这就要求建筑师不仅要具有创新的思维，同时要具备对新材料、新技术足够的认识和积累。随着新材料、新技术的不断涌现与发展，建筑的设计前景变得越来越广阔，创新的可能性也日益增多。另外，由于计算机科学技术的飞速发展，人工智能作为其中的一个分支已广泛渗透到各行各业之中，给人类的生活带来了翻天覆地的变化。在工业、农业、医学、建筑等不同领域，人工智能的应用已经取得了显著成效。随着研究的深入，人工智能正持续向各个领域渗透，推动这些领域的更新换代。

本书是一本关于建筑设计与人工智能技术应用方面研究的书籍。全书首先对建筑的构造与设计的理论进行介绍，内容涵盖了建筑空间构成及组合，然后对智能建筑及人工智能技术应用的相关问题进行梳理和分析，包括建筑的智能化及相关技术、建筑设备自动化系统、人工智能技术与智慧生活、智能控制技术在电网运行中的应用等多个方面。本书论述严谨，结构合理，条理清晰，内容丰富，其不仅能够为建筑设计提供一定的理论知识，同时能为当前人工智能技术及智能建筑相关理论的深入研究提供借鉴。

本书在创作过程中参考了相关领域诸多的著作，引用了国内外相关资料，在此一并对作者表示诚挚的谢意和致敬。由于建筑设计与人工智能技术应用等工作涉及的范畴比较广，需要探索的层面比较深，作者在撰写的过程中难免会存在一定的不足，对一些相关问题的研究不透彻，提出的工作提升路径也有一定的局限性，恳请前辈、同行以及广大读者斧正。

著　者

2023 年 12 月

目　录

第一章　建筑构造基础

第一节　建筑的组成与分类

一、建筑概述

建筑从广义上讲，既表示建筑工程的建造活动，又是建筑物与构筑物的统称。

（1）建筑物是指供人们在其中进行生产、生活或其他活动的房屋或场所，如住宅、办公楼、厂房、教学楼等；

（2）构筑物是指人们不在其中生产、生活的建筑，如水池、烟囱、水塔等。

这里主要研究建筑的构造组成、构造原理和构造做法，研究对象是建筑物。构造组成研究的是一般房屋的各个组成部分及其作用；构造原理研究的是房屋各个组成部分的要求及构造理论；构造做法研究的是在构造原理的指导下，用建筑材料和建筑制品构成构件与配件，以及构配件之间的连接方法。

二、建筑物的构造组成

从日常生活中频繁接触的建筑物中，可以看到房屋的主要组成部分：

（1）基础。基础是建筑物最下部的承重构件，承担建筑的全部荷载，并将荷载有效地传递给地基。地基是基础下面承受建筑物全部荷载的土层。基础埋置于地下，不仅关系到建筑的使用功能，同时又属于建筑的隐蔽部分，因此，在施工时对其可靠性和安全性的要求较高。基础应满足坚固、耐久、稳定的要求，并能抵御地下各种不良因素的侵袭。

（2）墙和柱。墙在房屋中起着承重和围护及分隔室内外空间的作用。作为承重构件，它承担屋顶和楼板层传来的各种荷载，并将其传递给基础。外墙具有围护功能，抵御自然界各种因素对室内的侵袭。内墙分隔建筑内部空间，创造适用的室内环境。墙应具有足够的强度、刚度、稳定性、良好的热功性能及防火、隔声、防水、耐久性能。由于墙在建筑中自重大，使用材料和资金多，施工量大，因此，需满足建筑经济和工业化的要求。

柱是建筑物的竖向承重构件，将承担的荷载传递给基础。当建筑物采用柱作为垂直承重构件时，墙填充在柱间，仅起围护和分隔作用。

（3）楼地层。楼地层是指楼板层和地坪层，是水平承重构件，同时，还兼有在竖向划分建筑内部空间的功能。楼板承担建筑的楼面荷载，并将这些荷载传递给建筑的竖向承重构件。楼板支撑在墙体上，对墙体起到水平支撑的作用，从而增加了建筑物的刚度和稳定性。地坪层是房屋底层的承重分隔层，将底层的全部荷载传递给地基土层；楼板层应具有足够的强度、刚度；地坪层应具备足够的防潮、防水的功能。

（4）楼梯。楼梯是楼房建筑中联系上下各层的垂直交通设施。在平时作为使用者的竖向交通通道，遇到紧急情况时供使用者安全疏散。楼梯关系到建筑使用的安全性，因此，在宽度、坡度、数量、位置、布局形式、防火性能等方面均有严格的要求。

（5）屋顶。屋顶是建筑顶部的承重和围护构件。它承受房屋顶部的全部荷载并将其传递给墙或柱；同时抵御各种自然因素（风、雨、雪、严寒、酷热等）的影响；屋顶形式对建筑物的整体形象起着很重要的作用。屋顶应有足够的强度和刚度，并具有防水、排水、保温（隔热）的能力。

（6）门窗。门和窗均属于非承重的建筑配件。门的主要作用是水平交通和分隔房间，有时还能进行采光和通风。由于门是人及家具设备进出建筑物及房间的通道，因此，应有足够的宽度和高度。窗的作用主要是采光和通风，同时也起分隔和围护作用。在寒冷和严寒地区应合理控制开窗的面积。门和窗是围护结构的薄弱环节，因此，在构造上应满足保温、隔热的要求，在某些有特殊要求的房间，还应具有隔声、防火等性能。

一般的房屋建筑除上述的主要组成部分外，往往还有其他的构配件和设施，以保证建筑可以充分发挥其功能，如阳台、雨篷、台阶、散水、明沟、勒脚、通风道等。

三、建筑构造的影响因素

建筑构造设计要充分考虑各种因素的影响，提供合理的构造方案，保证建筑物的使用质量和耐久年限。影响建筑构造的因素很多，一般可分为以下五个方面：

（1）外力作用。作用在建筑物上的外力又称荷载，可分为恒荷载（如结构自重）、活荷载（如人群、家具、风、雪及地震荷载等）和偶然荷载（爆炸、撞击、自然灾害、地震灾害）。荷载的大小和性质是建筑物结构选型、材料使用及结构设计的重要依据。

（2）自然气候条件的影响。风、雪、霜、冰冻、地下水和日照等气候条件，是影响建筑物使用功能和建筑构件使用寿命的重要因素。在建筑构造设计时，应根据当地自然条件的实际情况，对不同部位采用相应的构造措施，或选用合适的建筑材料，把自然因素对建筑物的影响降到最低限度，如采取保温、隔热、防潮、防水、防冻胀、防温度变形破坏等措施，保证建筑的正常使用功能和使用寿命。

（3）人为因素。建筑物在使用过程中往往容易受到化学腐蚀、火灾和机械振动等人为因素的影响。在建筑构造设计时，要采取防腐、防火和防振动等措施，避免建筑物遭受不应有的损失，保证建筑物的正常使用和安全。

（4）技术条件。建筑构造做法是依据一定的建筑技术条件存在的。随着科学技术的发展，各种新材料、新技术、新工艺不断产生，建筑构造的设计理论、构造做法、施工方法等也要根据行业的发状况和趋势不断改进与发展。

建筑构造的选型、选材和细部做法还与建筑标准有密切关系，如装修标准、设备标准和造价标准等。

（5）经济条件。建筑构造的设计必须考虑经济效益。在确保工程质量的前提下，根据房屋的不同等级和质量标准，合理选择建筑材料与构造方法，以降低工程总造价。影响建筑构造设计的因素是多方面的，必须在建筑设计时予以足够重视；否则，不但不能满足技术、功能要求，还会给国家、人民带来不必要的损失。

四、建筑构造的基本要求

构造设计是建筑设计不可分割的一部分。在房屋构造设计中，应根据房屋的类型特点、使用功能的要求，综合考虑影响房屋构造的因素，满足建筑设计的要求。房屋构造设计要满足坚固、实用、经济合理和造型美观，以及工业化的要求。

（1）坚固。建筑构件除满足结构强度要求外，还要采用必要的构造措施，保证阳台栏杆、楼梯扶手及顶棚、墙面、地面装饰等构造在使用过程中的安全和可靠。

（2）实用。建筑构造必须最大限度地满足建筑物使用功能的要求。建筑物除满足空间尺度要求外，有时还要满足某些特殊的要求，如保温、通风、隔热、吸声、隔声等。构造设计要综合相关专业的技术知识，优化设计，选择经济合理的构造措施，满足建筑的实用性。

（3）经济合理。房屋构造方案的确定应依据房屋的性质、质量标准，尽量节约资金。对于不同类型的房屋，根据它们的规模、重要程度和地区特点等分别在材料选用、结构选型、内外装修等方面加以区别对待，在保证工程质量的前提下降低建筑造价，减少能源消耗，注重建筑物的经济、社会和环境的综合效益。

（4）造型美观。建筑细部构造的处理要考虑其对建筑物整体美观的影响，应与建筑立面和体形相协调，以起到有效的装饰作用。

（5）工业化。建筑工业化是建筑业的发展方向，在建筑构造设计时，应大力推广先进技术，采用标准化设计和定型构件，选用新型建筑材料，为实现建筑工业化创造有利条件。

五、建筑的分类

由于建筑个体之间存在较大的差异，为了便于描述，人们把建筑分为不同的类型。由于建筑各方面的特性不尽相同，因此分类的方式也不同。常见的分类方式主要有以下几种。

（一）按建筑的使用性质分类

1. 民用建筑

供人们生活起居及进行公共活动等非生产性的建筑称为民用建筑。民用建筑又分为居住建筑和公共建筑两类。

（1）居住建筑。居住建筑是供人们生活起居用的建筑物。其包括住宅、公寓、宿舍等。

（2）公共建筑。公共建筑是供人们进行公共活动的建筑物。其门类较多，功能和体量差异较大。如行政办公、文教科研、医疗福利、托幼、商业、体育、交通、邮电通信、旅馆、展览、文艺观演、园林、纪念等建筑。

有些大型公共建筑内部功能比较复杂，可能同时具备上述两个或两个以上的功能，一般称这类建筑为综合性建筑。

2. 工业建筑

工业建筑是为人们提供从事各种工业生产活动的建筑。工业建筑包括生产用建筑及辅助生产、动力、运输、仓储用建筑。如机械加工车间、机修车间、锅炉房、动力站、库房等。

（1）单层工业厂房。单层工业厂房主要用于重工业类的生产企业，如铸造、锻压、装配、机修等工业。

（2）多层工业厂房。多层工业厂房主要用于轻工业类的生产企业，如纺织、仪表、电子、视频、服装等工业。

（3）单、多层混合工业厂房。单、多层混合工业厂房主要用于食品、化工等生产企业。

3. 农业建筑

农业建筑是供农业、牧业生产和加工服务的建筑物，如农机修理站、温室、畜牧饲养场、粮仓、水产品养殖场等。

（二）按建筑高度分类

根据《民用建筑设计统一标准》，民用建筑按地上建筑高度或层数进行分类应符合下列规定：

（1）建筑高度不大于 27 m 的住宅建筑、建筑高度不大于 24 m 的公共建筑及建设高度大于 24 m 的单层公共建筑为低层或多层民用建筑。

（2）建筑高度大于 27 m 的住宅建筑和建筑高度大于 24 m 的非单层公共建筑，且高度不大于 100 m 的为高层民用建筑。

（3）建筑高度大于 100 m 的为超高层建筑。

（三）按建筑结构的承重方式分类

1. 墙承重式

墙承重式由墙体承受建筑的全部荷载，墙体担负着承重、围护和分隔的多重任务。这种承重体系适用于内部空间较小，建筑高度较小的建筑。砖木结构、砖混结构的建筑大多属于这一类。

2. 框架承重式

框架承重式由钢筋混凝土或型钢组成的梁柱体系承受建筑的全部荷载，墙体只起到围护和分隔的作用。这种承重体系适用于跨度大、荷载大的高层建筑。

3. 局部框架承重式

（1）内框架承重式。局部框架承重式是指建筑内部由梁柱体系承重，外部由外墙承重。这种承重体系适用于内部设有较大空间的建筑。

（2）底部框架承重式。底部框架承重式是指房屋下部为框架结构承重、上部为墙承重结构的建筑。这种类型的结构常用于底部需要较大空间而上部为小空间的建筑，如食堂、商店、车库等综合类型的建筑。

4. 空间结构

用空间构架如网架、薄壳、悬索等来承受全部荷载的，称为空间结构建筑。这种类型建筑适用于需要大跨度、大空间而内部又不允许设柱的大型公共建筑，如体育馆、天文馆等。

（四）按建筑物主要承重结构所用材料分类

1. 砖木结构

砖木结构是指以砖墙、木构件作为房屋主要承重骨架的建筑。这种结构具有自重轻、抗震性能好、构造简单、施工方便等优点。由于其具有耐久性和防火性能差的缺点，目前仅在个别地区的民居建筑中应用，城市建筑已经淘汰了这些结构形式。

2. 砖混结构

砖混结构是指用砖墙（柱）、钢筋混凝土楼板及屋面板作为主要承重构件的建筑，属于墙承重结构体系。目前，我国在居住建筑和一般公共建筑中采用较多。

3. 钢筋混凝土结构

钢筋混凝土结构是指建筑物的主要承重构件全部采用钢筋混凝土制作，属于骨架承重结构体系。这种结构具有坚固、耐久、防火、可塑性强等优点，大型公共建筑、大跨度建筑、高层建筑较多采用这种结构形式，在当今建筑领域中应用很广泛，且很有发展前途。

4. 钢结构

钢结构是指建筑物的主要承重构件全部采用钢材制作的建筑，属于骨架承重结构体系。钢结构具有自重轻、强度高、安装方便等特点。大型公共建筑和少量工业建筑采用这种结构形式。随着建筑的发展，钢结构的应用将有进一步发展的趋势。

（五）按规模和数量分类

（1）大型性建筑。大型性建筑主要包括建造数量少、单体面积大、个性强的建筑。如机场候机楼、大型商场、旅馆等。

（2）大量性建筑。大量性建筑主要包括建造数量多、相似性大的建筑。如住宅、宿舍、中小学教学楼、加油站等。

（六）按施工方法分类

（1）全现浇式。全现浇式是指房屋的主要承重构件均在现场用手工或机械浇筑（砌筑）而成。

（2）部分现浇（现砌）、部分装配式。部分现浇（现砌）、部分装配式是指房屋的部分构件采用现场浇筑（砌筑），部分构件采用预制厂预制。

（3）装配式。装配式是指房屋的主要承重构件均采用预制厂预制，然后在施工现场进行组装。

六、民用建筑的等级划分

民用建筑是根据建筑物设计使用年限、耐火性能等来划分等级的。

（一）按设计使用年限划分

建筑物的设计使用年限主要根据建筑物的重要性和规模大小来确定，它将作为基建投资、建筑设计和材料选用的重要依据。建筑等级按建筑设计使用年限分为 4 类，见表 1-1。

表 1-1　设计使用年限分类

类别	设计使用年限/年	示例
1	5	临时性建筑
2	25	易于替换结构构件的建筑
3	50	普通建筑和构筑物
4	100	纪念性建筑和特别重要的建筑

（二）按耐火性能划分

对建筑产生破坏作用的外界因素很多，如火灾、地震等，其中火灾是主要因素。由于几乎每幢建筑都存在发生火灾的可能，而且一旦发生火灾将对建筑及使用者的生命财产造成巨大的危害。为了提高建筑对火灾的抵抗能力，在建筑构造上采取措施，控制火灾的发生和蔓延就显得非常重要。《建筑设计防火规范》根据建筑材料和构件的燃烧性能及耐火极限，把建筑的耐火等级分为四级。

1. 燃烧性能

燃烧性能是指建筑构件在明火或高温作用下是否燃烧，以及燃烧的难易程度。建筑构件按燃烧性能分为非燃烧体、难燃烧体和燃烧体，即不燃性、难燃性、可燃性。

（1）非燃烧体。非燃烧体是指用非燃烧材料制成的构件，如砖、石、钢筋混凝土、金属等。这类材料在空气中受到火烧或高温作用时不起火、不微燃、不碳化。

（2）难燃烧体。难燃烧体是指用难燃烧材料制成的构件，如沥青混凝土、板条抹灰、水泥刨花板、经防火处理的木材等。这类材料在空气中受到火烧或高温作用时难燃烧、难碳化，离开火源后燃烧或微燃立即停止。

（3）燃烧体。燃烧体是指用燃烧材料制成的构件，如木材、胶合板等。这类材料在空气中受到火烧或高温作用时，立即起火或燃烧，且离开火源继续燃烧或微燃。

2. 耐火极限

对任一建筑构件按时间—温度标准曲线进行耐火试验，从构件受到火的作用时起，到构件失去支持能力或完整性被破坏，或失去隔火作用时为止的这段时间，就是该构件的耐火极限，单位为小时（h）。其中，失去支持能力是指构件自身解体或垮塌。梁、楼板等受弯承重构件，挠曲速率发生突变是建筑等级确定失去支持能力的象征；完整性破坏是指楼板、隔墙等具有分隔作用的构件，在试验中出现穿透裂缝或较大的孔隙；失去隔火作用是指具有分隔作用的构件在试验中背火面测温点测得平均温升到达 140 ℃（不包括背火面的起始温度），或背火面测温点中任意一点的温升到达 180 ℃，或不考虑起始温度的情况下背火面任一测点的温度到达 220 ℃。建筑构件出现了上述现象之一，就认为其达到了耐火极限。各级建筑物所用构件的燃烧性能和耐火极限见表 1-2。

表 1-2　建筑构件的燃烧性能和耐火极限（h）

构件名称		耐火等级			
		一级	二级	三级	四级
墙	防火墙	不燃性 3.00	不燃性 3.00	不燃性 3.00	不燃性 3.00
	承重墙	不燃性 3.00	不燃性 2.50	不燃性 2.00	难燃性 0.50
	非承重外墙	不燃性 1.00	不燃性 1.00	不燃性 0.50	可燃性
	楼梯间和前室的墙 电梯井的墙 住宅建筑单元之间的墙和分户墙	不燃性 2.00	不燃性 2.00	不燃性 1.50	难燃性 0.50
	疏散走道两侧的隔墙	不燃性 1.00	不燃性 1.00	不燃性 0.50	难燃性 0.25
	房间隔墙	不燃性 0.75	不燃性 0.50	难燃性 0.50	难燃性 0.25
柱		不燃性 3.00	不燃性 2.50	不燃性 2.00	难燃性 0.50
梁		不燃性 2.00	不燃性 1.50	不燃性 1.00	难燃性 0.50
楼板		不燃性 1.50	不燃性 1.00	不燃性 0.75	燃烧性 0.50
屋顶承重构件		不燃性 1.50	不燃性 1.00	燃烧性 0.50	可燃性
疏散楼梯		不燃性 1.50	不燃性 1.00	不燃性 0.50	可燃性
吊顶（包括吊顶搁栅）		不燃性 0.25	难燃性 0.25	难燃性 0.15	可燃性

第二节 建筑的标准化尺寸

一、定位线

定位线是用来确定建筑物主要结构构件位置及其标志尺寸的基准线，同时也是施工放线的依据。用于平面时称为定位轴线；用于竖向时称为竖向定位线。

（一）平面定位轴线

建筑物在平面中对结构构件（墙、柱）的定位，用平面定位轴线标注。

1. 平面定位轴线及编号

（1）平面定位轴线应用细点画线绘制。

（2）平面定位轴线一般应编号，编号应注写在轴线端部的圆内，圆应用细实线绘制，直径为 8～10 mm。定位轴线圆的圆心应在定位轴线的延长线上或延长线的折线上。

（3）平面图上定位轴线的编号，宜标注在图样的下方与左侧。横向编号应用阿拉伯数字，从左至右顺序编写，纵向编号应用大写拉丁字母，从下至上顺序编写，拉丁字母的 I、O、Z 不得用作轴线编号。

（4）附加定位轴线的编号应以分数形式表示。

2. 平面定位轴线的标定

（1）混合结构建筑。承重外墙顶层墙身内缘与定位轴线的距离应为 120 mm；承重内墙顶层墙身中心线应与定位轴线相重合。楼梯间墙的定位轴线与楼梯的梯段净宽、平台净宽有关，可有以下三种标定方法：

1）楼梯间墙内缘与定位轴线的距离为 120 mm；

2）楼梯间墙外缘与定位轴线的距离为 120 mm；

3）楼梯间墙的中心线与定位轴线相重合。

（2）框架结构建筑。框架柱定位轴线一般与顶层柱截面中心线相重合。

（二）标高及构件的竖向定位

1. 标高的标注

（1）标高符号应以直角等腰三角形表示。

（2）标高符号的尖端应指至被注高度的位置。

2. 标高的类别

建筑物在竖向对结构构件（楼板、梁等）的定位，用标高标注。标高按不同的方法可分为绝对标高与相对标高、建筑标高与结构标高。

（1）绝对标高。绝对标高又称绝对高程或海拔高度，我国的绝对标高是以青岛港验潮站历年记录的黄海平均海水面为基准，并在青岛市内一个山洞里建立了水准原点，其绝对标高为 72.260 m，全国各地的绝对标高都以它为基准测算。

（2）相对标高。相对标高是指根据工程需要而自行选定的基准面，即相对标高或假定标高。一般将建筑物底层地面定为相对标高零点，用±0.000 表示。

（3）建筑标高。楼地层装修面层的标高一般称为建筑标高。在建筑施工图中标注的一般为建筑标高。

（4）结构标高。楼地层结构表面的标高一般称为结构标高。建筑标高减去楼地面面层厚度即结构标高，结构施工图中标注结构标高。

3. 建筑构件的竖向定位

建筑构件的竖向定位包括室内地坪、楼地面、屋面及门窗洞口的定位，通过标高进行标注。其中，楼地面的竖向定位应与楼地面的上表面重合，即用建筑标高标注。

屋面的竖向定位应为屋面结构层的上表面与距墙内缘 120 mm 处或与墙内缘重合处的外墙定位轴线的相交处，即用结构标高标注，门窗洞口的竖向定位与洞口结构层表面重合，为结构标高。

（三）与定位线相关的名词

（1）横向：指建筑物的宽度方向。

（2）纵向：指建筑物的长度方向。

（3）横向轴线：平行建筑物宽度方向设置的轴线。

（4）纵向轴线：平行建筑物长度方向设置的轴线。

（5）开间：两条横向定位轴线之间的距离。

（6）进深：两条纵向定位轴线之间的距离。

（7）层高：建筑物各层之间以楼地面面层（完成面）计算的垂直距离，屋顶层由该层楼面面层（完成面）至平屋顶的结构面层或至坡屋顶的结构面层与外墙外皮延长线的交点计算的垂直距离。

二、建筑模数协调统一标准

（一）建筑标准化

建筑业是国民经济的支柱产业，为了适应市场经济的发展需要，使建筑业向着工业化的方向发展，必须实行建筑标准化。

建筑标准化的内容包括两个方面：一方面是建筑设计的标准问题，包括各种建筑法规、建筑设计规范、建筑制图标准、定额与技术经济指标等；另一方面是建筑的标准设计，包括国家或地方设计、施工部门所编制的构配件图集，整个房屋的标准设计图等。

（二）建筑模数

建筑模数是选定的标准尺寸单位，作为尺度协调中的增值单位，也是建筑设计、建筑施工、建筑材料与制品、建筑设备、建筑组合件等各部门进行尺度协调的基础。其目的在于使构配件安装吻合并具有互换性。我国建筑设计和施工中必须遵循《建筑模数协调标准》。

1. 基本模数

基本模数是模数协调中选用的基本尺寸单元，其数值定位 100 mm，符号为 M，即 1 M = 100 mm。整个建筑物及其部分或建筑物组合构件的模数化尺寸，应为基本模数的倍数。

2. 扩大模数

扩大模数是基本模数的整数倍。扩大模数应符合下列规定：

（1）水平扩大模数基数为 2 M、3 M、6 M、12 M、15 M、30 M、60 M 等，其相应的尺寸分别是 200 mm、300 mm、600 mm、1 200 mm、1 500 mm、3 000 mm、6 000 mm 等，主要适用于建筑物的开间或柱距、进深或跨度、构配件尺寸和门窗洞口尺寸。

（2）竖向扩大模数基数为 2 M、3 M、6 M，其相应的尺寸分别是 200 mm、300 mm、600 mm，主要适用于建筑物的高度、层高、门窗洞口尺寸。

3. 分模数

分模数是基本模数的分数值，一般为整数分数。分模数基数为 M/10、M/5、M/2，其相应的尺寸分别是 10 mm、20 mm、50 mm，主要适用于缝隙、构造节点、构配件断面尺寸。

4. 模数数列

模数数列是指由基本模数、扩大模数、分模数为基础扩展成的一系列尺寸。其应用如下：

（1）建筑物的开间或柱距，进深或跨度，梁、板、隔墙和门窗洞口宽度等分部件的截面尺寸宜采用水平基本模数和水平扩大模数数列，且水平扩大模数数列宜采用 $2n$ M、$3n$ M（n 为自然数）。

（2）建筑物的高度、层高和门窗洞口高度等宜采用竖向基本模数和竖向扩大模数数列，且竖向扩大模数数列宜采用 n M。

（3）构造节点和分部件的接口尺寸等宜采用分模数数列，且分模数数列宜采用 M/10、M/5、M/2。

三、三种尺寸

为了保证建筑制品、构配件等有关尺寸间的统一与协调，特规定了标志尺寸、构造尺寸、实际尺寸及其相互间的关系。

（一）标志尺寸

标志尺寸是用以标准建筑物定位轴线之间的距离及建筑制品、建筑构配件、有关设备位置界限之间的尺寸。标志尺寸应符合模数数列的规定。

（二）构造尺寸

构造尺寸是建筑制品、建筑构配件等的设计尺寸。一般情况下，构造尺寸加上缝隙尺寸等于标志尺寸。缝隙尺寸应符合模数数列的规定。

（三）实际尺寸

实际尺寸是建筑制品，建筑构配件等生产制作后的实际尺寸。实际尺寸与构造尺寸之间的差数应为允许的建筑公差数值。

四、实行建筑工业化的意义

建筑工业化是指通过现代化的制造、运输、安装和科学管理的生产方式，来代替传统建筑业中分散的、低水平的、低效率的手工业生产方式。它的主要标志是建筑设计标准化、构配件生产工厂化，施工机械化和组织管理科学化。以工业化的方式重新组织建筑业是提高劳动效率、提升建筑质量的重要方式，也是我国未来建筑业的发展方向。

建筑工业化的基本内容：采用先进、适用的技术、工艺和装备，科学合理地组织施工，发展施工专业化，提高机械化水平，减少繁重、复杂的手工劳动和现场湿作业；发展建筑构配件、制品、设备生产并形成适度的规模经营，为建筑市场提供各类建筑使用的系列化的通用建筑构配件和制品；制定统一的建筑模数和重要的基础标准（模数协调、公差与配合、合理建筑参数、连接等），合理解决标准化和多样化的关系，建立和完善产品标准、工艺标准、企业管理标准、工法等，不断提高建筑标准化水平；采用现代管理方法和手段，优化资源配置，实行科学的组织和管理，培育和发展技术市场与信息管理系统，适应发展社会主义市场经济的需要。

第二章　建筑空间构成及组合

第一节　建筑平面设计

平面图是建筑物各层的水平剖切图，是从层标高以上大约人直立时眼睛的高度将建筑物水平剖切后朝下看所得的该层的水平投影图。建筑平面图既表示建筑物在水平方向各部分之间的组合关系，又反映各建筑空间与围合它们的垂直构件之间的组合关系。建筑平面图一般最能表达建筑的功能要求，所以建筑设计往往最先从平面设计入手。但在平面设计中，始终要从建筑整体空间组合的效果来考虑问题，这中间需要紧密联系剖面和立面设计的各种性能，不断调整、修改，反复深入，最后才能取得完善的效果。

从组成平面各部分空间的使用性质来分析，主要可以将空间归纳为使用和交通联系两部分。

使用部分：是指满足使用功能和辅助功能的那部分空间，一般是指建筑物中的主要使用房间和辅助使用房间，通过交通联系部分将主要使用房间和辅助使用房间联系成一个有机的整体。主要使用房间是建筑物的核心，如住宅中的起居室、卧室，学校建筑中的教室、实验室，商业建筑中的营业厅等。辅助使用房间是指为保证主要使用房间的正常及方便使用而设置的。与主要使用房间相比，辅助使用房间设计的条件及要求相对要弱一些，如厨房、厕所、储藏室、各种设备用房等。

交通联系部分：是指专门用来连通建筑物各使用部分的空间，即建筑物中各个房间之间、楼层之间和房间内外之间联系通行的空间，如各类建筑物的走廊、门厅、过厅、楼梯间、电梯间等。

建筑物的使用部分、交通联系部分和结构、围护分隔构件所占的面积之和，就构成建筑物的总建筑面积。建筑平面设计包括单个房间平面设计和平面组合设计。

建筑平面设计涉及的因素很多，因此在进行建筑平面设计时，要满足建筑的功能要求和日照、通风、保温、隔热、防火等各方面的要求，需要考虑结构的可行性和施工技术，兼顾建筑造价，还要考虑到对建筑剖面、建筑体型等各方面的影响。

一、建筑使用部分的平面设计

建筑使用部分一般是构成整个建筑最核心的功能部分，它的设计直接关系到建筑物能否满足功能要求，也就是能否达到预期的使用效果。由于建筑物的使用要求不同，其主要使用房间的功能要求也不相同。

（一）主要使用房间的平面设计分类和设计要求

从各类使用房间的功能角度出发，可以将使用房间分为如下三类。

（1）生活用房间：住宅的起居室、卧室、宿舍和招待所的卧室等。

（2）工作学习用房间：各类建筑的办公室、值班室，学校的教室、实验室等。

（3）公共活动房间：商场的营业厅、剧院、电影院的观众厅、休息厅等。

上述各类房间的功能不同，对建筑设计也提出了不同的要求。例如生活、工作和学习用房间要求安静、朝向好，尽量避免各种有形或无形的噪声干扰；公共活动房间人流比较集中，所以室内活动组织和交通组织比较重要，特别是人员的疏散问题较为突出。各类使用房间的分类有助于在平面设计时对不同房间进行分组和功能分区。

对于使用房间的平面设计，一般应满足以下基本要求：

（1）房间的面积、形状和尺寸要满足室内活动、家具摆放及使用、设备合理布置及使用维护的要求；

（2）门窗的大小和位置，应考虑房间的出入方便、疏散安全以及满足天然采光和自然通风的要求；

（3）房间结构布置合理，施工方便，所使用的材料要满足相应的功能要求；

（4）满足相应的经济和审美要求。

（二）主要使用房间的平面形式

使用房间平面形式的设计，一般包含其面积的确定、平面形状的选择、平面尺寸的确定三个基本方面。

1. 房间面积的确定

使用房间面积的确定与许多因素有关。一般来说，房间内部活动的特点、使用人数的多少、家具设备的总量和布置方式、人流的交通和疏散等构成了房间面积组成的基本要素。房间的面积通常可以分为以下几部分：

（1）家具或设备所占面积；

（2）人们在室内的使用活动面积（包括使用家具及设备时近旁所需的面积）；

（3）房间内部的交通面积。

房间的人数和使用性质决定着家具或设备的多少，如卧室中的床、衣柜、桌椅等，教室中的讲台、课桌椅、黑板等，厨房中的橱柜、冰箱等。这些家具或设备的多少和布置方式以及人们使用它们所需要的面积，都直接影响到房间使用面积的大小。因此，房间的使用人数是确定房间面积的关键。例如教室面积大小与教室使用性质和班级人数有关；商场营业厅面积大小主要取决于顾客人数及顾客购买商品的方式；火车站候车厅面积大小与乘客人数和乘客身份有关等。一般来说，规模大、容纳人数多的房间，面积也应大些。

在实际设计工作中，主要是依据使用人数和我国有关部门及各地区制定的面积定额指标来确定房间的面积。表 2-1 是部分民用建筑房间面积定额参考指标。

表 2-1　部分民用建筑房间面积定额参考指标

项目建筑类型	房间名称	面积定额（m^2/人）	备注
中小学校	普通教室	1～1.2	小学取低限
办公楼	一般办公室	3.5	不包括走道
	会议室	0.5	无会议桌
		2.3	有会议桌
铁路旅客车站	普通候车室	1.1～1.3	
图书馆	普通阅览室	1.8～2.5	4 或 6 座双面阅览桌

2. *房间平面形状的选择*

房间的平面形状常见的有矩形、方形、多边形、圆形、不规则图形等。房间的平面形状与室内使用活动特点、家具布置方式以及采光、通风等因素有关，有时还要考虑人们对室内空间的直观感觉。一般功能要求的民用建筑房间形状常常采用矩形，如住宅的卧室、起居室，学校建筑的教室、宿舍等房间，大多采用矩形平面的房间。这是因为矩形平面简单，墙体平直，便于家具和设备的布置，能充分利用室内有效面积，有较大的灵活性，有利于平面组合。此外，矩形平面结构体系布置简单整齐，易于施工，可提高施工速度。

以中小学教室为例，在同样满足使用功能的前提下，同样是 50 座的教室，采取同样大小的课桌椅、同样的排间距以及通道的宽度，不同的布置方式，仍然会形成大不相同的平面形状。当然，矩形平面并不是唯一的选择，也可以采用方形及六边形平面形状。方形教室的优点是进深加大，长度缩短，外墙减少，相应交通线路缩短，用地经济，视听条件有所改善。但为了保障水平视角的要求，前排两侧均不能布置桌椅。六边形教室平面布局合理，视听效果较好，但墙与墙之间相互不垂直，会增加施工难度。

一些有特殊功能和视听要求的房间，如观众厅、杂技场、体育馆等，要求使用面积很大，又不需要同类的多个房间进行组合，这时其平面以及整个体型就有可能采用非矩形平面的形状。

3. 房间平面尺寸的确定

房间平面尺寸主要应当依据房间的使用功能，家具及设备的相关尺寸和布置要求，建造的技术经济条件，使用者的心理感受等方面来确定。

（1）满足家具设备布置及人们的活动要求。住宅中卧室的平面尺寸应考虑床的尺寸和与其他家具的相互关系。卧室之间不应穿越，卧室应直接采光、自然通风。为提高房间布置的灵活性，主卧室要求床能从两个方向布置。因此，开间尺寸不得小于 3.3 m，进深尺寸不得小于 4.2 m。住宅中主卧室开间尺寸常取 3.6～4.2 m，进深常取 3.9～5.1 m，次卧室开间尺寸常取 2.7～3.3 m，进深常取 2.7～3.9 m。医院病房主要是满足病床的布置及医护活动的要求，3～4 人病房开间尺寸常取 3.3～3.6 m，6～8 人病房开间尺寸常取 5.7～6.0 m。教室的开间和进深尺寸必须满足家具设备和使用空间的要求，一般常用 6 m × 9 m 或 6.6 m × 9.9 m 等规格。

（2）满足视听要求。有的房间如教室、会堂、观众厅等的平面尺寸除满足家具设备布置及人们活动要求外，还应保证有良好的视听条件。为使前排两侧座位不致太偏，后排座位不致太远，必须根据水平视角、视距、垂直视角的要求，充分研究座位的排列，确定适合的房间尺寸。

从视听的功能考虑，教室的平面尺寸应满足以下要求：

① 为防止第一排座位距黑板太近、垂直视角太小而造成学生近视，第一排座位距黑板的距离必须不小于 2 m，以保证垂直视角大于 45°；

② 为防止最后一排座位距离黑板太远，而影响学生的视觉和听觉，后排距黑板的距离不宜大于 8.5 m；

③ 为避免学生过于斜视而影响视力，水平视角（即前排边座与黑板远端的视线夹角）应不小于 30°。

（3）满足采光、通风等要求。民用建筑一般都要求有良好的天然采光和自然通风。因此，房间的进深常受到采光的限制，一般情况下，单侧采光的房间要求进深不大于窗上口至底面距离的 2 倍，双侧采光的房间进深可能较单侧采光增大 1 倍。一般来说，在矩形的平面中，分隔构件与承重构件之间，较容易取得协调或一致。布置家具不会因为平面的相邻界面之间成角度或者界面呈曲线而需要特殊处理，平面之间的组合也比较方便，所以矩形平面是采用最多的一种平面形式。

（三）辅助使用房间的设计

民用建筑除了主要使用房间外，还有很多辅助使用房间，其在建筑物中所占的面积较小，但却是建筑物不可缺少的一部分。辅助使用房间指厕所、盥洗室、浴室、厨房、配电室、洗衣房、锅炉房、储藏室、通风机房等服务用房。对于辅助使用房间，其平面的面积和形状设计方法，与主要功能作用的房间类似。

辅助用房的功能、大小、形式均有所不同，而其中厕所、盥洗室、浴室、厨房是最为常见的。在建筑设计中，根据各种建筑物的使用特点和使用人数，先确定所需设备的个数，根据计算所得的设备数量，再考虑在整幢建筑物中厕所、盥洗室等分布情况，最后在建筑平面组合中根据整幢房屋的使用要求适当调整并确定这些辅助房间的面积、平面形式和尺寸。

1. *厕所设计*

（1）厕所在建筑物中常处于人流交通线上，与走道及楼梯间相连，如走道尽端、楼梯间及出入口处或建筑物转角处等。

（2）大量人群使用的厕所，应有良好的天然采光与自然通风，以便排除污臭气。

（3）厕所位置应有利于节省管道，减少立管并靠近室外给排水管道。

（4）厕所的墙面、地面应考虑防水，比一般房间地面低 20～30 mm。

（5）结合不同类型建筑的使用特点，确定厕所的位置、面积及设备数量。

另外，盥洗室、浴室常与厕所布置在一起称为卫生间。卫生间分为公共卫生间和专用卫生间。专用卫生间使用人数较少，常用于住宅、宾馆等。浴室和盥洗室的主要设备有洗脸盆、污水池、淋浴器、浴盆等。设计时应结合设备尺寸及人体活动所需的空间尺寸进行房间布置。一般建筑物中公共卫生间应设置前室，以使厕所既较隐蔽，又有利于改善通向厕所的走廊或过厅处的卫生条件，前室的深度一般不小于 1.5 m。

2. 厨房设计

厨房设计应满足以下要求。

（1）厨房应有良好的采光和通风条件，因此在平面组合中应将厨房紧靠外墙布置，方便有外窗或开向走廊的窗户。窗地比不应小于 1:7，通风开口面积不应小于房间地面面积的 1/10，并不得小于 0.8 m^2，炉灶上部应设排除油烟的设备或预留设备位置。

（2）厨房的墙面、地面应考虑防水，便于清洁，地面比一般房间地面低 20～30 mm。

（3）尽量利用厨房的有效空间布置足够的储藏设施，如壁龛、吊柜等。为方便存取物件，吊柜底距地面高度不应超过 1.7 m。

（4）厨房室内布置应符合操作流程，并保证必要的操作空间，为使用方便、提高效率、节约时间创造条件。其形式有单排、双排、L 形、U 形几种。单面布置设备时，厨房净宽不应小于 1.4 m；双面布置设备时，厨房净宽不应小十 1.7 m。采用管道煤气、液化石油气为燃料的厨房面积不应小于 3.5 m^2；以加工煤为燃料的厨房面积不应小于 4 m^2；以原煤为燃料的厨房面积不应小于 4.5 m^2；以薪柴为燃料的厨房面积不应小于 5.5 m^2。

（四）房间的门窗设计

在房间平面设计中，门窗的大小、数量、位置、开启方式等，直接影响着房间的使用效果、建筑外观、经济性能等。房间门的作用是供人们出入和联系不同房间的交通，有时也兼顾采光和通风的作用。窗的主要功能是采光和通风，同时窗的形式和组合方式又和建筑的立面设计密切联系。因此，在设计过程中，门窗的布置需要多方面综合考虑，反复推敲。

1. 门的设置

房间门的设置主要包括确定房间门的宽度、数量、位置和开启方式。

（1）门的宽度

门的宽度取决于人体尺寸、人流股数及家具设备的大小等因素。一般单股人流通行最小宽度取 550 mm +（0～150 mm），一个人侧身通行时需要宽 300 mm，因此门的最小宽度一般为 700 mm，常用于住宅中的厕所、浴室。住宅中卧室、厨房、阳台的门，应考虑一人携带物品通行，卧室常取 900 mm，厨房常取 800 mm，宽度较小的门扇开启时可以少占室内使用面积，这对平面紧凑的住宅建筑显得尤为重要。普通教室、办公室等的门应考虑一人正面通行，另一人侧身通行，常采用 1 000 mm。住宅的分户门，可以将门宽定为 1 000 mm 或 1 200 mm（当为子母门时，分为 900 mm 和 300 mm 两扇）。当门宽在 1 000 mm 以内时，一般采用单扇门，宽度大于 1 200 mm 的门通常采用双扇门或多扇门，双扇门的宽度可为 1 200～1 800 mm，四扇门的宽度可为 2 400～3 600 mm。

（2）门的数量

门的数量取决于房间面积的大小、使用人数的多少、人流活动特点以及消防疏散要求等。

按照《建筑设计防火规范》的要求，在公共建筑和通廊式居住建筑中，当房间使用人数超过 50 人，面积超过 60 m^2 时，至少需设两个门。对于影剧院、礼堂的观众厅和体育馆的比赛大厅等人员密集的公共场所，门的数量和总宽度应按每 100 人 0.6 m 宽计算，并结合人流通行方便分别设双扇外开门于通道外。疏散门不应设置门槛，其净宽度不应小于 1.4 m，且紧靠门口内外各 1.4 m 范围内不应设置踏步。

《建筑设计防火规范》中规定，公共建筑和通廊式非住宅类居住建筑中，各房间疏散门的数量应经计算确定，且不应少于两个，该房间相邻两个疏散门最近边缘之间的水平距离不应小于 5 m。当符合下列条件之一时，可设置一个：

1）房间位于两个安全出口之间，且建筑面积小于或等于 120 m^2，疏散门的净宽度不小于 0.9 m；

2）除托儿所、幼儿园、老年人建筑外，房间位于走廊尽端，且由房间内任意一点到疏散门的直线距离小于或等于 15 m，疏散门的净宽度不小于 1.4 m；

3）歌舞娱乐放映游艺场所内建筑面积小于或等于 50 m^2 的房间。

剧院、电影院和礼堂的观众厅，其疏散门的数量应经计算确定，且不应少于两个。每个疏散门的平均疏散人数不应超过 250 人；当容纳人数超过 2 000 人时，其超过 2 000 人的部分，每个疏散门的平均疏散人数不应超过 400 人。

（3）门的位置

门的位置恰当与否直接影响到房间的使用，所以确定门的位置时除了要考虑室内人流活动的特点和家具布置的要求，还应考虑缩短交通路线、争取室内有较完整的空间和墙面以及有利于组织采光和通风等方面的要求。

一般情况下，门多设在房间一角，门边垛取 120 mm 或 2 4 0 mm，墙面尽量保持完整，使房间面积得以充分利用。集体宿舍为便于多床布置，常将门设在内墙中部。对于面积大、容纳人数多的房间，门的位置主要考虑交通便捷和疏散迅速、安全。

（4）门的开启方式

门的开启方式一般分为内开和外开。外开的门便于疏散。大多数房间的门均采用内开方式，可防止门开启的时候影响房间外的人行交通，如住宅、宿舍、办公楼等。在使用人数较多的公共建筑中，为便于人流畅通以及在紧急情况下人们迅速、安全地疏散，门必须向外即向疏散方向开启。对有防风沙、保温要求或人员频繁出入的房间，可以采用转门或弹簧门。幼儿园建筑不宜采用弹簧门。门的位置和开启方式应与室内走道紧密配合，使通行线路简捷。在设计时要注意避免几个门相互碰撞和妨碍人流通行。

2. 窗的设置

窗的大小主要取决于室内采光与通风要求。民用建筑中各种用途不同的房间的照度要求是由室内使用需要的光亮明暗程度来确定的。房间的照度应达到《建筑采光设计标准》的规定。对采光要求高的房间，要通过精确计算来确定。但采光系数的计算较为复杂，对于大量民用建筑，如住宅、学校、办公楼等，通常采用窗地比估算出房间采光需要的窗的大概面积。窗地比是窗洞口面积与地面面积之比。

窗的平面位置直接影响房间照度是否均匀和是否会产生暗角和眩光。为使室内照度均匀，窗宜布置在房间的中间位置，窗间墙的宽度一般不宜过大。同时，窗户和挂黑板墙面之间的距离要适当，这段距离太小会使黑板上产生眩光，距离太大又会形成暗角。在考虑通风时，应尽量组织穿堂风，一般应将窗与窗或窗与门直通布置。

二、建筑物交通联系部分的平面设计

建筑物的各个使用部分，需要通过交通联系部分加以连通。在紧急情况下，人员需要通过交通联系部分进行紧急疏散，这时建筑的交通联系部分会相对拥挤，即便在正常使用情况下，交通联系部分也会因时间段的不同而呈现不同的使用状况，如办公楼和生产性建筑的上下班高峰时段，某些交通联系部分会有集中的人流。此外，在兼有人流和货流存在的建筑物内，设计时应该视情况需要安排人流和货流的不同通道，以避免交叉，或是可以合理地错开时间段使用。对于某些有特殊安全需要的建筑物，如银行、医院等，设计时更应该慎重地布置其交通联系系统。

建筑物内部的交通联系部分包括水平交通空间（走道或走廊）、垂直交通空间（楼梯、坡道、电梯、自动扶梯）、交通枢纽空间（门厅、过厅）等。一幢建筑物是否适用，除房间本身及其位置是否恰当外，在很大程度上取决于房间与交通联系部分相互空间位置的处理是否恰当以及交通联系部分本身是否满足交通和疏散要求。交通联系部分设计合理与否不仅影响到建筑的使用功能，也会间接影响到房屋造价、建筑占地、空间形态等方面。

一般来说，建筑物的交通联系部分的平面尺寸和形状的确定，可以根据以下方面进行考虑：

（1）符合紧急情况下规范规定的疏散要求；

（2）满足使用高峰时段人流、物流通过所需占用的安全尺度；

（3）方便各使用空间之间的联系；

（4）满足一定的采光、通风等方面的要求；

（5）在满足使用需要的前提下，尽可能提高整个建筑平面的利用率，同时考虑空间造型问题。

（一）走道（走廊）

走道又称为走廊或过道，是建筑物中使用量最大的交通联系部分，凡走道的一侧或两侧是空旷的称为廊。走道有时还兼有其他使用功能，以提高建筑面积的利用率，各功能使用空间可以分列于走道的一侧、双侧或近端。走道的宽度应符合人流、货流通畅和消防安全的要求。

走道按使用性质不同，可以分为以下三种情况。

（1）完全为交通疏散要求而设置的走道，如办公楼、旅馆等建筑的走道，都是供人流通行用的，这类走道一般不允许用作其他用途。

（2）在满足正常交通的前提下，兼有其他功能的走道，如教学楼中的走道，除了具有交通的功能外，兼作学生课间休息活动的场所，还可以布置陈列橱窗，医院门诊部走道还可兼作候诊区用。这类走道的宽度和面积应相应增加。

（3）多种功能综合使用的走道。这种走道的交通空间和使用空间相互融合，如展览馆的走道应满足边走边观赏的要求。

一般来说，走道的设计主要是根据人流通行、安全疏散、防火要求、使用性质、空间感受等因素来确定其宽度和长度。为了满足人流的疏散要求，我国《建筑设计防火规范》中规定，学校、商店、办公楼、候车室、展览厅等民用建筑中的疏散走道、安全出口、疏散楼梯、外门等各自总宽度不得低于表 2-2 所示的指标。

表 2-2　疏散走道、安全出口、疏散楼梯和房间疏散门的宽度指标（m/百人）

楼梯位置	耐火等级		
	一、二级	三级	四级
地上一、二层	0.65	0.75	1.00
地上三层	0.75	1.00	—
地上四层及四层以上各层	1.00	1.25	—
与地面出入口地面的高度差不超过 10 m 的地下建筑	0.75	—	—
与地面出入口地面的高度差超过 10 m 的地下建筑	1.00	—	—

走道的宽度主要取决于人流通畅和安全疏散要求。通常单股人流通行时走道净宽度的最小尺寸为 900 mm。考虑两人并列行走或迎面相错时，走道的净宽度为 1 100～1 200 mm；三股人流时为 1 500～1 800 mm。一般民用建筑常用走道宽度如下：当走道两侧布置房间时，教学楼为 2.10～3.00 m，门诊部为 2.40～3.00 m，办公楼为 2.10～2.40 m，旅馆为 1.50～2.10 m。作为局部联系或住宅内部走道，其走道的宽度不应小于 0.90 m；当走道一侧布置房间时，其走道的宽度应相应减小。

走道的长度应根据建筑性质、耐火等级及防火规范来确定。《建筑设计防火规范》规定直接通向疏散走道的最远点房间疏散门至最近安全出口的最大距离见表 2-3。

表 2-3　安全疏散距离（m）

名称	位于两个安全出口之间疏散门距离 L_1			位于袋形走道两侧或尽端的疏散门距离 L_2		
	耐火等级			耐火等级		
	一、二级	三级	四级	一、二级	三级	四级
托儿所、幼儿园	25	20	—	20	15	—
医院、疗养院	35	30	—	20	15	—

续表

名称	位于两个安全出口之间疏散门距离 L_1			位于袋形走道两侧或尽端的疏散门距离 L_2		
	耐火等级			耐火等级		
	一、二级	三级	四级	一、二级	三级	四级
学校	35	30	—	22	20	—
其他民用建筑	40	35	25	22	20	15

注：① 建筑内的观众厅、展览厅、多功能厅、餐厅、营业厅和阅览室等，其室内任何一点至最近安全出口的直线距离不宜大于 30.0 m。

② 直接通向疏散走道的房间疏散门至最近非封闭楼梯间的距离，当房间位于两个楼梯间之间时，应按表 2-3 的规定减少 5.0 m；当房间位于袋形走道两侧或尽端时，应按表 2-3 的规定减少 2.0 m。

③ 楼梯间的首层应设置直通室外的安全出口或在首层采用扩大封闭楼梯间，当层数不超过 4 层时，可将直通室外的安全出口设置在离楼梯间小于或等于 15.0 m 处。

（二）门厅和过厅

门厅是在建筑物的主要出入口处起集散人流、转换方向、室内外空间过渡作用的交通枢纽。此外，在一些建筑物中，门厅常兼有服务、等候、展览等功能。过厅通常设置在走道与走道之间或走道与楼梯的连接处——过厅一般位于体型较复杂的建筑物各分段的连接处，或建筑物内部某些人流或物流的集中交汇处，起交通路线的转折和过渡作用。为了改善过道的采光、通风条件，有时也可以在走道的中部设置过厅。

导向性明确是门厅和过厅设计中的重要问题。使用者在门厅或过厅中应能很容易发现其所希望到达的通道、出入口或楼梯、电梯等部位，而且能够很容易选择和判断通往这些处所的路线，在行进中又较少受到干扰，以使门厅和过厅作为交通枢纽的集散作用很好地发挥。

兼有其他用途的门厅，仍应将供交通联系的部分明确区分，不要同其他功能部分互相干扰，同时有效地组织其交通的流线。特别是用作交通部分的面积和用作通行部分的宽度，都应该根据该建筑物人流集中时所需要的尺度来进行设计。也就是说，门厅对外出口的宽度按防火规范的要求不得小于通向该门厅的走道、楼梯宽度的总和，以保证紧急情况下疏散的安全。

对于许多公共建筑而言，门厅和过厅的内部空间组织和所形成的形体、体量，往往可以成为建筑物设计中的活跃元素，或者是复杂建筑物形态中的关节点。如许多大型商厦的门厅，被处理为具有整个建筑物高度的中庭，上面覆盖采光天窗，四周环绕多层购物空间，使视觉通透、光线充足，形成良好的内部环境。又如某些多段式的建筑物，利用过厅部分的体型变化，既避免了呆板，又形成了特殊的韵律和节奏。

（三）楼梯和电梯

楼梯是建筑物中重要的垂直交通联系部分。建筑物垂直交通联系部分除楼梯外，还有电梯、扶梯、坡道等。

高层建筑的垂直交通以电梯为主，如旅馆、办公楼、高层住宅楼等。一些有特殊使用要求的建筑物，如医院、商场等也常采用电梯。电梯的布置方式可采用单面式和对面式。电梯按使用性质分为乘客电梯、载货电梯、客货两用电梯、消防电梯、杂物梯等。

设置电梯时应注意以下几点：

（1）电梯附近应设置楼梯，供电梯发生故障时使用；

（2）电梯井道无天然采光要求，布置较为灵活，候梯厅应有良好的采光和通风；

（3）电梯间应布置在人流集中、位置明显的地方，电梯前面应有足够的等候空间，以免造成人流拥挤和堵塞的现象；

（4）高度超过 24 m 的重要建筑、12 层以上的高层住宅以及高度超过 32 m 的公共建筑还应设置消防电梯。

楼梯的形式主要有单跑楼梯、双跑楼梯、三跑楼梯等。直行单跑楼梯方向单一、不转向、构造简单，常用于层高较小的建筑，当尺度达到一定时常给人以严肃向上的感觉。平行双跑楼梯是民用建筑中最为常见的一种形式，往往布置在单独的楼梯间中，方向感强，占地面积少，使用方便，常用于住宅、旅馆等建筑中。三跑楼梯体态灵活，造型美观，但梯井较大，常布置在公共建筑门厅和过厅中，可取得较好的效果。此外，楼梯还有剪刀式、折形、弧形、螺旋式等多种样式。

楼梯按位置和使用性质可分为主要楼梯、次要楼梯和消防楼梯（室外楼梯均可作为消防楼梯）等。

第二节 建筑剖面设计

一、建筑剖面设计概述

建筑物的平面图表示的是建筑物各部分水平方向明确的组合关系，在垂直方向，建筑物各部分也存在一定的组合关系。与建筑平面的面积、形状、尺寸的确定一样，建筑物在各部分空间的高度、层数等方面，也有许多问题需要解决。因此，在建筑设计过程中，需要进行建筑剖面的研究，也就是在适当的部位将建筑物从上至下垂直剖切开来，使其内部的结构构造得以暴露，从而得到该剖切面的正投影图，即剖面图。

建筑剖面设计是建筑设计的基本组成部分之一，它与平面设计、立面设计相互制约、相互影响。在建筑剖面设计中，要根据房间的功能要求确定房间的剖面形状，同时必须考虑剖面形状与在垂直方向上房屋各部分的组合关系、具体的物质技术、经济条件和空间的艺术效果等方面的影响，在考虑平面和剖面的相互关系的基础上，不断调整、修改，使设计更加完善、合理。

建筑剖面设计的主要内容包括：确定房间的剖面形状、尺寸及比例关系；确定房屋的层数及各部分高度；分析建筑剖面中结构与构造的关系；进行房屋竖向空间的组合及空间利用等。

建筑剖面设计过程中，需要注意以下各项。

（一）剖面的作用

剖面图应反映出：① 建筑的层数；② 建筑的层高、净高；③ 建筑的结构；④ 建筑的主要构造；⑤ 建筑的垂直交通构件。

（二）剖切位置的确定

剖面位置应选择：① 主要入口处、大厅、门厅；② 楼梯、电梯；③ 构造复杂处。

（三）剖面数量的确定

剖面数量：① 平面简单的房屋可绘制一个；② 一般建筑不少于两个——横向、纵向各一个；③ 大型复杂建筑可多个。

（四）剖切符号的画法

剖切符号必须画在首层平面上；剖切线中的长线表示剖切位置，短线表示剖视方向；剖切符号的编号宜采用阿拉伯数字。

（五）标高及各部分高度的确定

（1）相对标高：一般是将建筑物底层室内某指定地面的高度定为±0.000，单位是米（m）。建筑物高于这个标高的为正标高，反之为负标高。例如某建筑物室内外高差为 0.45 m，层高为 3.3 m，则其室外地面标高为 –0.450，二层标高为 3.300，三层标高为 6.600，其他依此类推。

（2）绝对标高：以一个国家或地区统一规定的基准面作为零点的标高。我国规定以青岛附近黄海的平均海平面作为标高的零点，其他各地标高以此为基准。任何一个地点相对于黄海的平均海平面的高差，称为绝对标高，这个标准仅适用于中国境内。

需要注意的是，建筑设计人员获得的基地红线图及土质、水文等资料所标注的都是绝对标高，在设计单体建筑时，尤其设计建筑物的各部分时，都应当换算为相对标高进行标注，以免混淆。

（3）建筑标高与结构标高。建筑标高为装饰装修完成后的标高，如地面工程一层建筑地面标高为±0.000，指一层地面装修完成后的相对标高值。结构标高为装饰装修前主体结构的标高，如地面工程装饰做法为 5 cm，则一层建筑地面结构标高为－0.050。则有

建筑标高＝结构标高＋装饰层厚度

二、建筑房间的剖面形状及各部分高度的确定

（一）房间的剖面形状

房间的剖面形状主要是根据使用功能和使用特点确定的。同时，建筑材料、建筑结构、建筑施工以及建筑造型等对剖面形状的确定也有很大的影响。

房间的剖面形状分为矩形和非矩形两类。矩形剖面简单、规整，有利于家具设备的布置，便于竖向空间的组合，容易获得简洁而完整的体型。同时，矩形剖面结构简单，施工方便，采用较多。非矩形剖面常用于有特殊要求的房间，或者因为结构形式不同而形成的房间。对于使用人数较少、面积较小的房间，一般以矩形为主；对于使用人数较多、面积较大且有视听要求的房间，可做成阶梯形或斜坡形。

房间的剖面形状还需要考虑具体的物质技术、经济条件及特定的设计观念的影响，既要满足使用要求，又要达到一定的艺术效果。

1. 视线的要求对剖面形状的影响

为满足有特殊视听要求的房间在视觉上的需要，地面应有一定的坡度。坡度的大小与设计视点的选择、座位的排列方式、排距、视线升高值等因素有关。

设计视点是指在设计工程中，作为视线设计的主要依据所能看到的极限位置，即室内不同位置的观众都应看到的那一点。各类建筑的功能不同，观看的对象不同，设计视点的位置选择也有所不同。例如，电影院的设计视点定在银幕底边的中点，这样可保证观众看见银幕的全部；体育馆的设计视点定在篮球场边线或边线上空 300～500 mm 处；阶梯教室的设计视点定在讲

台桌面上方，距地面 1 100 mm 左右等。设计视点选择是否恰当，是衡量视觉质量好坏的重要标准，直接影响地面起坡的大小。设计视点越低，视觉范围越大，房间地面升起坡度越大；设计视点越高，视觉范围越小，房间地面升起坡度越平缓；观察对象低于人的眼睛时，地面起坡大；反之，地面升起的坡度就平缓。

2. 听觉的要求对剖面形状的影响

影剧院、音乐厅、会堂等建筑，对于声学的要求非常高。音质的优劣是衡量观演类建筑好坏的根本标准，而房间的平面和剖面形状对室内声场的分布有很大的影响。为获得良好的声场，保证室内声场分布均匀，防止出现空白区、回声和聚焦等现象，要求空间有一定的高度，在剖面设计时应注意顶棚、墙面和地面的处理。对于观演建筑来说，声学和视线的要求基本一致，通常按照视线要求设计的地面能够满足声学的要求。而顶棚的高度和形状是保证获得良好声场的一个重要条件，所以顶棚应根据声学设计的要求来设计，以保证大厅各个座位都能获得均匀的反射声，并加强声压不足的部位。一般情况下，凹面易产生聚焦，声场分布不均匀；凸面是声扩散面，不会产生聚焦，声场分布均匀。因此，大厅顶棚应尽量避免采用凹面或拱顶。

3. 建筑结构、材料对剖面形状的影响

房间的剖面形状除了要满足使用功能的要求，还会受到结构选型、材料应用及施工技术的影响。矩形剖面具有形状规则、简单等优点，有利于钢筋混凝土梁板布置，同时施工方便，在建筑物跨度不大时采用较多。对于体育馆、展览馆等大跨度的建筑，则常采用网架、壳体、悬索等空间结构形式，形成特有的剖面形状。不同的结构形式不仅能适应不同的功能要求，而且也会对内部空间的形态产生极大的影响。

4. 采光、通风对剖面形状的影响

房间的净高应满足自然采光与自然通风的要求，以保证房间必要的卫生条件。理论和实践证明，当窗户面积不变时，侧窗上缘的高度越高，对室内远窗点的照度越有利。进深大的房间，为满足房间的采光要求，常提高窗上沿的高度，此时房间净高相应加大。基于此，当房间采光以自然光线为主时，对一般进深不太大的房间，可利用侧窗，采光、通风均能满足使用要求；当房间进深太大或房间有特殊要求时，可在屋顶开设天窗来满足采光、通风的要求。由于天窗的种类不同，室内使用要求的差异，在剖面上也反映出不同的形状。有的房间虽然进深不大，但为了使室内照度均匀、稳定、柔和，并减轻和消除眩光的影响，避免直射阳光，也会设置各种形式的采光窗。

房间内的通风要求与室内进出风口在剖面上的位置有关。大多数的民用建筑常利用空气的气压差来组织室内穿堂风，对于有特殊要求的房间或湿度较大、温度较高、烟尘较多的房间，还需要在屋顶开设排气窗，以天窗的形式增加空气压差，这种处理同样改变了房间的剖面形状。

对于餐厅、厨房类房间，由于在操作过程中会散发出大量热量、蒸汽和油烟等，所以可在顶部设置排气窗以加速排除有害气体。

（二）建筑物各部分高度的确定

建筑物每一部分的高度是该部分的使用高度、结构高度和有关设备所占用高度的总和。这个高度一般考虑为层高，就是建筑物内某一层楼（地）面到其上一层楼（地）面的垂直高度。例如某个房间上部有结构梁通过，梁底下又有设备管道和吊顶，那么楼板和结构梁的高度，加上梁底到吊顶面的垂直距离，再加上该房间所应有的使用高度，就是楼层在该处的层高。

一般来说，结构构件本身的高度以及设备所占用的空间高度是在各种给定的条件下，通过计算确定的。因此，建筑物各部分的使用高度是控制建筑物层高的重要制约因素。使用高度一般用净高来表示，即建筑物内某一层楼（地）面到其上部构件或吊顶底面的垂直距离。

1. 家具、设备的安置和使用高度

与在建筑平面设计中考虑家具、设备的平面尺寸类似，高度尺寸只是在空间上换成另一个方向。如有些工业厂房的车间需要很高的净高，除了其本身的设备高度外，由于有时设置的桥架上还有行车，还需要留出物品起吊时

所需的安全高度。

2. 人体活动所需要的使用高度

房间的净高与人体活动尺度有关。一般情况下，室内最小净高应以人举手接触不到顶棚为宜，即不小于 2 200 mm。确定房间净高时还应注意房间的高宽比例，给人以正常的空间感觉。一般来说，面积大的房间高度应高一些，面积小的房间则可适当降低。不同的空间比例往往给人不同的心理感受。高而窄的空间易使人产生兴奋、激昂、向上的情绪，具有严肃感，但过高就会觉得不亲切；宽而矮的空间使人感到宁静、开阔、亲切，但过低又会使人产生压抑、沉闷的感觉。净高设计时应巧妙运用空间比例的变化，使物质功能与精神感受密切结合，从而获得理想的艺术效果。

不同类型的房间使用性质和活动特点不同、使用人数不同、房间面积不同，对净高的要求也不同，如生活用房、卧室净高常取 2.8～3.0 m，但一般不应小于 2.4 m；学习用房、教室常取 3.3～3.6 m。对于商店营业厅、影剧院观众厅、体育比赛大厅等公共建筑，因空间更大、使用人数更多，其净高要适当提高以满足各方面的要求，例如大型商场营业厅的底层层高可取 4.2～6.0 m，二层层高适当降低取 3.6～5.1 m。表 2-4 为各类建筑的常用层高值。

表 2-4　各类建筑的常用层高值（m）

建筑类型	教室、实验室	风雨操场	办公、辅助用房	传达室	起居室、卧室
中学	3.30～3.60	3.80～4.00	3.00～3.30	3.00～3.30	—
小学	3.20～3.40	3.80～4.00	3.00～3.30	3.00～3.30	—
住宅	—	—	—	—	2.70
办公楼	—	—	3.00～3.30	—	—
宿舍楼	—	—	—	—	2.80～3.30
幼儿园	3.00～3.20	—	—	—	3.00～3.20

3. 采光、通风对高度的影响

房间的高度应有利于天然采光和自然通风，以保证房间内必要的学习、生活和卫生条件。采光一般以自然光线为主。室内光线的强弱和照度是否均匀与窗的宽度、位置和高度有关。一般来说，房间层高越大，窗口上沿越高，光线照射深度越远，所以进深大的房间或要求光线照射深度远的房间，层高应大些。单面采光时，窗的上沿离地面的高度应大于房间进深长度的 1/2；双面采光时，窗的上沿离地面的高度应大于或等于房间深度的 1/4。室内进出风口在剖面的高低位置，对房间净高也有一定的影响。潮湿或炎热地区，经常利用空气压差对室内组织穿堂风，如在内墙上开设高窗，或在门上设置亮子，使气流通过内、外墙窗户，组织室内通风，这种设计所要求的房间净高就相对高一些。而在北方地区，保温较为重要，应尽量避免由于室内外温差所产生的局部空气流动，这时房间净高要相对低些。

中考虑房间必需的空气容量。具体取值与房间用途有关，如中小学教室为 3～5 m^3/人，影剧院观众厅为 4～5 m^3/人。根据房间的使用人数、面积，可计算出符合要求的房间净高。

4. 结构层高度及其布置方式对高度的影响

结构层高度主要指楼板、屋面板、梁和各种屋架所占的高度。层高一般等于净高加上结构层高度（有吊顶除外），所以在确定房间层高时，不仅要考虑人体活动等净高要求，还应考虑结构层高度。层高相同时，结构层所占用的高度越大，房间的净高就越小。因此，在结构安全可靠的前提下，减少结构层的高度，可以增加房间的净高和降低建筑的总造价。

一般开间进深小的房间，利用墙体承重，楼板直接搭在承重墙上，结构层所占的高度较小。开间进深较大的房间，常常要在室内布置梁，采用梁板布置方式，有些甚至是纵横交错的主次梁，这时结构所占的高度要大些。有些大跨度、大空间建筑所采用的屋架、空间网架等多种结构形式，其结构层占用的高度更大。在砌体结构中，现浇梁板比预制梁板的净空大。为减小梁的高度，还可以把矩形截面改作 T 形或十字形。确定层高时必须考虑上述这些结构层的高度。

5. 建筑经济效益对高度的影响

层高是影响建筑造价的一个重要因素。在满足使用功能要求的条件下，为了力求节约，应尽可能地降低层高。降低层高可以减少墙体等建筑材料用量，减轻房屋自重，改善结构受力状况。同时，降低层高又能缩小房屋间距，从而节约用地。在严寒地区和炎热地区降低层高，亦能减少采暖、空调费用。实践证明，普通砖混结构的建筑，层高每减少 100 mm，可节约土建投资 1% 左右。

6. 室内空间比例要求

在确定房间净高时，还应注意室内的高度与宽度之间应有适当的比例关系。人们经常在室内活动，房间的不同比例关系往往给人不同的感受。

处理房间空间比例时，在不增加房间高度的情况下，可以借助以下方法获得想要的空间效果。

（1）利用窗户的不同处理来调节空间的比例感，细而长的窗户使房间感觉要高些，宽而扁的窗户则感觉房间低一些。

（2）运用以低衬高的对比方法，将次要房间的顶棚降低，从而使主要空间显得更加高大，次要空间亲切宜人。

（3）在确定房间净高时，应结合使用功能要求，创造出感觉舒适的空间环境。一般民用建筑的空间比例，高宽比在 1:1.5～1:3 较为适宜。

7. 窗台的高度

窗台的高度主要根据室内的使用要求、人体尺度和家具设施的高度来决定。对于一般民用建筑中的生活、工作、学习用房，房间窗台高度可与桌面平齐或稍高于桌面，保证书桌上有充足的光线。房间窗台过低，低于工作面或变成落地窗，从采光上不必要，且增加窗的造价；在严寒地区，对保温节能和利用窗下安装采暖设备也不利。房间窗台过高，书桌将大部分处于阴暗区，影响使用效果。一般窗台的高度取 900～1 000 mm，书桌的高度为 800 mm 左右，窗台高出桌面 100～200 mm，这样既保证了桌面的照度，又避免了桌上的纸张被风吹出窗外，开窗和使用桌面都不受影响。

一些有特殊要求的房间，如展览馆中的陈列室为沿墙布置展板，消除和减少眩光，常设置高侧窗，并根据窗台到陈列品的距离要有 14° 的保护角，把窗台调高些，窗台的高度一般为 2 500 mm 以上。浴室、厕所的窗台可提高到 1 800 mm，以遮挡人们的视线。幼儿园建筑结合儿童尺度，活动室的窗台高度较一般民用建筑低一些，常采用 600～700 mm。儿童病房为方便护士照顾病儿，窗台高度也应设计低些。另外，某些公共建筑的房间，如餐厅、休息室、娱乐活动场所以及疗养院建筑和风景区的一些建筑物，为使室内阳光充足或便于观赏室外景色，丰富室内空间，常常降低窗台高度或做成落地窗。当采用落地窗时，必须做好安全防护措施。

三、建筑层数和总高度确定

在民用建筑中，公共及综合性建筑高度超过 24 m 的（单层除外）均为高层建筑。建筑高度在 24 m 以下的除住宅外的民用建筑为多层建筑。住宅层数在 3 层及以下的为低层住宅；在 4～6 层的为多层住宅；在 7～9 层的为中高层住宅；在 10～30 层的为高层住宅。凡高度在 100 m 以上的建筑均为超高层建筑。

影响建筑层数和总高度的因素有很多，主要有城市的规划要求、建筑物的使用要求、建筑结构和施工材料要求、基地环境要求、建筑防火要求等。

（一）使用要求对层数的影响

不同使用功能和性质的建筑对层数的要求不同。托儿所、幼儿园、养老院等建筑，为了使用安全和便于儿童及老人经常在户外活动、联系方便，其层数不宜超过 3 层；医院、学校建筑为了使用方便，也宜控制在 3～4 层；体育馆、影剧院等大型公共建筑，具有较大的面积，集聚的人数很多，地面荷载较大，为迅速安全地进行疏散，宜建成单层或低层；住宅、办公楼等建筑，使用人数不多，房间的层高较低，面积不大，房间荷载不大，这一类建筑可以采用多层或高层，利用楼梯、电梯作为垂直交通工具。

（二）建筑结构、材料和施工工艺对层数的影响

建筑结构类型和材料是影响房屋层数的基本因素。例如一般砖混结构的建筑，墙体多采用砖和砌块，自身重量大、整体性差，随着层数的增加，要求下部墙体越来越厚，造成材料的浪费和使用空间的减少，这种结构常用于建 6～7 层及以下的大量民用建筑，如多层住宅、中小学校教学楼和中小型办公楼、医院、食堂等；钢筋混凝土框架结构、剪力墙结构、框架—剪力墙结构及筒体结构则可用于建多层或高层建筑，如高层宾馆、高层办公楼和高层住宅等。高层建筑受到水平风荷载的影响很大，所以要求高层建筑不仅要有足够的强度，更要有较大的刚度和稳定性；大跨空间结构，如薄壳、网架、悬索结构等适用于单层或低层大跨建筑，如影剧院、体育馆等。

除了结构类型和建筑材料对房屋层数的影响外，建筑的施工条件、起重设备、吊装能力以及施工方法等均对层数有所影响。

（三）建筑基地环境与城市规划对层数的影响

确定房屋的层数不能脱离一定的环境条件，尤其是位于城市干道、广场、道路交叉口的建筑，对城市面貌影响很大，必须做到与周围建筑物、道路、绿化等相协调一致。城市规划从改善城市面貌和节约用地角度考虑，也对建筑层数做了具体的规定。而位于风景区的建筑，与街道的环境特点不同，应以自然环境为主，充分借助大自然的美来丰富建筑空间，使建筑与环境协调，一般宜采用低层、小巧的建筑物。

四、建筑剖面的组合方式和建筑空间的有效利用

（一）建筑剖面的组合方式

建筑空间组合包括水平方向和垂直方向的组合，两者都能反映出建筑的功能关系、结构布置以及空间的艺术构思。在进行建筑空间的剖面组合时，

应做到结构布置合理，有效利用空间，建筑体型美观。一般情况下，可以将使用性质近似、高度又相同的部分放在同一层内；空旷的大空间尽量设在建筑顶层，避免放在底层形成“下柔上刚”的结构或是放在中间层造成结构刚度的突变；利用楼梯等垂直交通枢纽或过厅、连廊等来连接不同层高或不同高度的建筑段落，既可以解决垂直的交通联系，又可以丰富建筑体型，这些都是建筑设计中常用的手法。

下面介绍几种不同的剖面组合方式。

1. 分层式组合

分层式组合是将使用功能联系紧密且高度一样的空间组合在同一层。这样可以有效地控制每一层的层高，不会因为个别空间的突出高度，而影响到该层的层高，这样做同时还有利于总体结构的布置和楼梯等垂直交通部分的处理。这种组合类似于重复小空间的组合，即指大小、层高相等或相近，在一幢建筑物内数量较多、功能上相对独立的房间。这类空间常采用走道式和单元式的组合方式，如住宅、医院、办公楼等。通常将这一类房间布置在同一层并逐层向上叠加，以楼梯来联系各垂直排列的空间，并与其他形式的空间相互交替、穿插组合成为整体，形成统一的空间。这种剖面组合有利于统一标高和简化结构布置。

2. 分段式组合

分段式组合是在同一层中将不同层高的空间分段组合，而且在垂直方向重复这样的组合，相当于在结构的每一个分段可以进行较为简单的叠加。例如某些工业厂房的生产车间需要较高的层高，而生产人员的更衣、办公等空间只需要满足人体尺度及活动所需的基本层高要求，在设计时就可以通过分段组合，利用一个车间的层高上下布置两个更衣室，或者令上下三个更衣室的层高之和等于两个车间叠加后的高度，这样大小空间组织合理且使用方便。多次叠加后，在同一楼层上形成了不同的楼面标高的设计称为错层设计。错层设计时需要解决同一层不同标高的楼面之间的交通问题，通常可以通过在这两者之间布置楼梯或坡道来解决。错层设计往往可以得到较为活泼的建筑体型，有些建筑套型设计中，特意将会客厅等空间与家庭内部使用的空间进行错层组合，以便形成较好的私密性空间。但要注意的是，错层组合的交通组织不应太过复杂。

3. 大小、高低相差悬殊的空间组合

大小、高低相差较大的空间，在空间组合时可以采用以下方案。

（1）以大空间为主，穿插布置小空间。一些大跨度公共建筑，如影剧院的观众厅、体育场的比赛大厅等，虽然有多个空间，但有一个空间的尺度较其他空间大很多，并能体现建筑最主要的使用功能，在进行空间组合时，常以这个大空间为中心，在其周围布置小空间。这样的组合，应处理好辅助房间的采光、通风和人流疏散问题。

（2）以小空间为主，灵活布置大空间。有些建筑，如教学楼、旅馆、办公楼等，大多数房间为小空间，但由于使用功能的要求，存在少量较大的空间，如教学楼中的阶梯教室、旅馆中的餐厅、办公楼的大会议室等。在进行空间组合时，通常以小空间为主体，将大空间依附在主体建筑旁，不受层高和结构的限制，或将大小空间上下叠合，将大空间布置在建筑的顶层或底部。

（3）综合性空间组合。有的建筑由若干大小、高低不同的空间组合起来形成多重空间的组合形式，其空间的组合不能仅局限于一种方式，必须根据使用要求，采用与之相适应的多种组合方式。

（二）建筑空间的有效利用

在对建筑物进行剖面研究时，往往会发现许多可以充分利用的建筑物内部空间，可以在建筑物占地面积和平面布置基本不变的情况下，达到增加使用面积、节约投资的效果。同时，如果处理得当，还可以改善室内空间比例，丰富室内空间布局。因此，如何最大限度地扩大使用面积是建筑空间组合需要解决的重要问题。

1. 夹层空间的利用

能要求，其主体空间与辅助空间在面积和层高要求上不一致，如体育馆比赛大厅、图书馆阅览室、营业厅等，常采用在大厅空间周围布置夹层空间的方式，以达到充分利用室内空间及丰富室内空间效果的目的。

在设置夹层时，要注意处理好夹层高度与宽度的比例关系以及夹层与整体的比例关系，只有适当的比例才能给人以舒适的感受。

2. 房间内部空间的利用

除了人们日常室内活动和布置家具设备的空间外，可以充分利用房间内其余的空间来弥补使用空间不足的问题，如厨房中的吊柜、住宅卧室中的吊柜和储藏柜等。

3. 结构空间的利用

设计中还应将结构空间与使用功能要求尽量统一，以达到最大限度地利用空间。一般情况下，可利用墙体空间设置壁龛、窗台柜，利用脚柱布置书架及工作台。

4. 走道及楼梯间的空间利用

建筑物中的走道通常和层高较高的房间高度相同，这时可利用走道顶部布置通风、照明设备及铺设管线。一般建筑物可以利用楼梯间的底部作储藏室，顶部作水箱间等。当楼梯间顶层平台下不作出入口用时，可通过降低底层中间平台下地坪标高或增加第一梯段高度，增加底层休息平台下的净空高度，布置储藏室及辅助用房。

第三章　建筑的智能化及相关技术

第一节　建筑智能化的内涵

一、建筑智能化概述

（一）“智能化”概念的产生

早期人们的住所非常简陋，只能满足人们最基本的需求。随着社会的发展与科技的进步，人们的活动范围日益扩大，在扩大的同时人们的居住、工作等空间的要求越来越高。随着时间的推移，人们对建筑单体的要求不再是简单的休息、工作的空间，人们对它赋予了更多层次的要求。人们对单体环境的要求逐步提高，对湿热、空气质量、水、电、光、声及信息环境做出具体的要求。随着科学技术和生产力的提高，以前单体设计时需要的范畴得到扩充。

建筑单体方案设计随着20世纪90年代后期网络的兴起，人们对交通组织方式、单体各个功能间的相互协调等方面提出了新的要求。逐渐地，现代信息技术被纳入设计考量之中，从而引出了“智能建筑”（Intelligent Building）的概念。

智能建筑的设计理念是由美国人率先提出。20世纪80年代，美国人建成了世界上第一座智能化建筑，此建筑运用计算机技术对单体内空调、给水、消防、安防及强弱电等系统设计时采用自动化统筹设计，并为单体内业主提供语音、文字、数据等各类技术信息。之后日本、德国、英国及法国等发达国家的智能建筑也相继发展，智能建筑已成为现代化城市的重要标志。

对于“智能建筑”这个专属词汇，世界上不同的国家对其有着截然不同的诠释。比如美国智能建筑学会诠释其为：“智能建筑”是指建筑单体对其结构、系统、服务和管理这四个基础要点实施优化配置，为业主创造一个高效率且具备经济效益的空间。日本智能建筑研究会诠释其为：“智能建筑”需满足包含商业辅助功效、通信辅助功效等在内的相关辅助功效作用，且能实现较高的自动化的单体管理系统保障、舒适的景观和安防系统保障，从而提升其原有的工作效率。欧盟智能建筑集团诠释其为：“智能建筑”是使得业主提高其效率，且又能达到相对低廉的维护资金、最合理的管控其自身的建筑物。该建筑物需要提供一个反应迅速、效率高效且有执行力的环境从而使得业主满足其相关要求。

（二）“智能建筑”概念进行设计

在方案设计时要以“智能建筑”概念为基础，结合“高效安全·舒适·便利”为主导设计理念，最大限度地满足单体中各个部分的功能要求和其使用需求。在施工图纸的绘制过程中，各专业间需相互配合以达到单体或者整个项目的“智能最大及最合理”化，具体设计时可分为以下几个方面：基础部分、信息通信部分、服务部分、管理部分。以下就具体对这几个部分分开予以阐述：

1. 基础部分

基础部分是“智能建筑”最基础的部分起着奠基石的作用，这部分主要是建筑专业要协调电气专业以及结构专业，在单体的基础部分就开始布置和实施，为单体内部的下一步组织和分配奠定基础。其主要内容包括两个方面：第一方面为弱电线路基础布置，主要是指单体内部弱电管道和布线排布。其包含单体内主管道的水平及垂直走向，布线总线路走向及布置位置以及相关线路的接地系统。第二方面为单体建筑物的防雷接地，其内容包括有相关网控机房、消防和安防调度室、GPS 接收系统、单体周边设备、楼内管线的防雷接地点和接地网的布置。这部分需要建筑专业统一协调，以达到各部分的相互统一。

2. 信息通信部分

信息通信部分是指单体内的弱电线缆的铺设和相关设备线路的走线。具体包括以下几个方面的内容：

（1）综合布线系统

其包含有小区内部计算机的相互连接以及与因特网连接的网络、可视电话的区域连接、视频监控系统、楼宇设备自控系统以及其他相关智能化系统的综合线缆布置等。以上通信部分需要建筑专业人员与甲方沟通，确定其需要的部分，并指导相关专业配合以达到统一布置，综合利用的总体效果。

中国农业大学水利土木工程学院党委书记杨培岭以《节水灌溉技术的未来发展方向和趋势》为题进行了精彩演讲，他呼吁要深入基础理论研究，加快节水灌溉科研成果的转化，实现节水灌溉技术的创新。要推广自动化控制系统，加强节水灌溉设备质量的监管控制，加强水资源管理，合理确定水价，建立健全节水灌溉体系服务。

当前绝大多数项目均是接入万兆以太网能保证千兆到各层百兆到用户端。如果单体为综合体的话应考虑不用使用功能部分的信息通信在物理相互各自独立。

（2）电话通信系统

包含随着现在人们对这部分的要求越来越精细，电话通信系统应包含以下几个方面：电话程控交换系统、带有无线基站的无绳电话、带有寻呼基站的寻呼系统、采用微蜂窝寻呼技术与程控电话交换机相对接，达到交换机分机寻呼、人工键盘寻呼或手持对讲机寻呼等功能。

（3）相关机房系统

包含网络中心的装修、强电配置、防雷接地、安防及专用区域的 VRV 空调系统等内容。同时为我国现行的三大移动信号商（联通、移动、网通）

提供信号覆盖、增强及相关特定区域的屏蔽。建筑专业在施工图绘制过程中要考虑这些方面的空间预留，以及与相关专业间的配合走线，以到达布局合理，空间利用紧凑的效果。

3. 管理部分

此部分设计是为了便于整体管理而设置，以达到项目“管家式”管理的设计理念。具体包括以下几个方面：

（1）相关设备监测系统

其包含热水、给水、中水、强弱电、防排烟、喷淋以及电梯扶梯等相关系统的控制和管理。同时还要对不用的使用功能进行独立分隔，同一使用功能部分的相互独立计费等要求。在综合管理的同时还要兼顾其分别使用的要求。

（2）安防系统

包含视频监控、入侵报警、保安巡逻、门禁控制、停车场管理及访客对讲等若干个相对独立的小系统。

（3）火灾报警控制系统

该部分主要是要保证各个单体建筑物内部、各建筑物之间的火灾自动报警、消防联动与自动灭火等功能。这部分相对独立，但是在建筑专业绘制施工图工程中要考虑相关位置的预留，这部分最容易遗忘的就是预留空间不足或者无预留空间。

以上是对“智能建筑”的理解，智能建筑不是说是其他专业尤其是电气专业的专项。其实“智能建筑”是要求每一个专业都要专心及细心地去研究。尤其作为龙头专业的建筑专业，要起到承上启下、相互连接的作用。作为一个建筑专业的从业者在实际工程中感触颇深。一个“智能建筑”到底其智能化有多高的程度，取决于其开发者的开发定位。同时也取决于一个建筑师的经验和细心程度，只有这两方面有机地结合在一起才能创造出真正意义上的“智能建筑”来。

二、建筑智能化与绿色建筑

随着社会的不断进步，国民生活水平的不断提高，人们对生活质量的追求越来越高。智能化建筑概念的不断普及，使越来越多的人更加青睐于新型的智能化建筑。智能化建筑通过系统联动，能有效节能降耗，达到绿色建筑的要求。本部分讨论了建筑的原理、技术和系统集成。具体在结构以及建筑施工和运营的基本要求等方面做了相关的阐述。

目前我国城市不断扩建，土地资源紧张。现有的资源越来越跟不上人们消耗资源的步伐。不可再生资源的生产难以长久地满足日益增长的建筑消耗需求。为体现“可持续发展”和“和谐社会”的理念等符合社会发展和顺应时代潮流的理念，可以对现有土地资源升级改造，但是会占用大量的人力和财力。而对现有资源的智能化与绿色化利用比开发新的资源更加有效，旧的土地等资源若是得不到合理的使用，将会进一步破坏生态环境。在人们的思维层面上，建筑应该是以安全为首要考虑，其次是舒适，再次是健康因素，只有当建筑满足这三个要素，绿色建筑的理念才真正落到实处。绿色建筑一定要保障人们居住的舒适程度，但是不会以大量消耗现有资源为代价。它在资源的使用选用上有了很大的改观，例如传统的资源使用一般都是使用煤炭发电、火力发电，但是现代的资源使用一半能利用风能、太阳能或者是水力发电。这种在能源利用上的转变最大契合了人们要绿色化建筑的观念。例如开发新的节能设备取代原有的高耗能设备。

在建筑中加入智能化系统，使人们的居住环境更加方便、快捷、智能和绿色。建筑智能化与绿色建筑的发展前景非常美好，其中科技创新将在智能化与绿色建筑发展中有很大的提升空间。

（一）绿色智能化建筑的概念

在传统建筑建造中，施工以及运行整个产业将会消耗地球上接近一半的水资源、能源和原材料资源。而建筑产业在温室效应方面也带来巨大的负面影响，同时它还会污染水，产生不可降解也不好二次利用的建筑垃圾，同时会产生一些对人体有害的气体。新型的绿色化建筑将会改变这种局面，新型绿色建筑在能源消耗、材料使用方面始终贯穿绿色理念。建筑智能化以信息技术为辅助，建筑技术和可持续发展为根本。现代社会发展中，不断涌现新技术、新的设备、新的系统，如公共安全管理系统，使人们的居住与办公环境更加舒适便捷和安全。同时环保、节能的理念也融入其中。

建筑智能化与绿色化在日常生活中随处可见。以绿色为理念，智能化为手段，在建筑中贯穿绿色智能化建筑这一个理念。以智能化技术为支撑点，运用新的安全系统、智能化系统以及自动化系统，使人们的居住和工作环境更加舒适和高效。只有人与建筑环境系统的相互协调，才有利于城市的可持续发展。

（二）建筑智能化与绿色建筑的具体内容

1. 网络通信与多媒体技术

利用无线通信技术和多媒体技术，使数据、语音、图片等信息的传递更加高效。网络使用物理线路使人们在使用资源的时候能够达到资源共享以能够互相交流信息。通信的具体定义是人们借助和利用不同的信息媒介表达传送信息，在现代社会的发展中，电脑和手机都可以联网，联网后可以借助不同的软件向不同的对象传送信息，这正是通信技术在日常生活中的应用。多媒体技术是指运用电脑技术数字化图像、文字等信息，例如制作动画时利用的是图片合成技术，声音、文字以及影像的结合。将这些元素整合在一个可以互相传播的界面上，具体在电脑上，这样电脑就成了一个可以展示不同信息媒体的工具。人们获取信息的方式与传统的文字书写，寄信的方式有所区别，这正是信息时代人们在获取信息方面的巨大转变。多媒体技术的这些优点，使得它在信息管理、学校教育、建筑技术方面甚至家庭生活与娱乐方式等领域方面得到普及和利用。

网络通信技术在建筑技术方面的使用正是智能化建筑的理念，多媒体技术使人在建筑中的居住和办公更加舒适便捷高效。

2. 图像显示与视频监控技术

图像显示技术在建筑智能化与绿色建筑方面的使用，传统方面是阴极射线管（CRT）是使用最早且最为广泛的一种显示技术。它的优点为成本低，清晰度、色度均匀丰富等，且人们在 CRT 使用方面的技术已经很成熟。现在白炽灯已经逐渐被人们淘汰了，发光二极管显示屏（LED）即 LED 灯取代了它。因为在相同的光长下，它更能省电，这一点恰好符合环保又为人们节省了在电能方面的消耗。LED 灯美其名曰绿色光源，在信号灯、车内灯与液晶显示屏等方面都有着广泛的应用。

3. IC 卡与系统集成技术

在日常生活中，上班族们已不再使用纸片打卡，而是改成了 IC 打卡。人们消费时，不再是使用纸币付款，而是改成了刷卡支付，或者说更进一步变成了支付宝或者微信支付。这都是智能化技术在人们生活中普遍使用的案例。一卡通取代了传统的纸笔记录方式，在全国范围内普及使用 IC 卡技术，将节省大量纸张，同时保护大量的森林资源。这正是绿色环保的理念。

集合现有的信息，更加高效地管理信息还有分享信息，这是一个新的信息管理系统。全面综合化管理各类资源，使各类信息资源更加便捷高效的使用和管理。办公人员在管理信息的时候能够借助系统，使用视频、网络等工具，实现对系统的高效管理。同时警察在办案的时候能够实现信息交流，使得信息能够在全国范围内流通，多地警方互相协助便于抓到罪犯。

（三）绿色智能化建筑体系的结构

1. 艺术与建筑的相互结合

美丽的建筑能够给人们带来美的体验，从而使人身心愉悦。但若是只有美这一个优点，没有什么大的用途，所以美观的建筑只是一个外表。艺术建筑具有抽象性，建筑能够反映一些社会生活，但它是很普通的，不可能像别的意识一样有悲剧式、颓废式、喜剧式、漫画式的。它总是平平常常的，不会有过分激烈的情感，但是它就是在那里，潜移默化地给人一种美的体验。综上，建筑具有某种象征性。

2. 绿色设计理念与建筑的融合

在建筑的内部和外部同时落实绿色化的理念。土地的利用方面应有计划性，不能无节制地利用，因为土地资源是不可再生的，一旦被使用为建筑用地，若需要再次使用，只能摧毁原有的建筑，在原有地基的基础上使用。所以在开发新土地时，一定要计划使用。在建筑中使用对人体有害的气体或物质建筑材料的使用方面，做到少用甚至杜绝使用。在室内多使用天然植物如绿色植物和鲜花等，可使室内在更加美观的同时调节室内湿度，因为绿色建筑的呼吸作用能够过滤室内气体。

全球气候变暖，海平面的不断升高，全球现有陆地面积不断减少。在这种情况下，更要节省土地资源，人们总是误以为现代化建筑很贵，只有高消费人群才可以负担起。其实不然，只是现在的楼盘销售，利用绿色建筑为亮点，将建筑的售价提高，使人们形成一个错误的观念，绿色建筑就是高档建筑。绿色建筑是一个广泛的概念，但是并不是贵。

（四）绿色智能化建筑落实的核心

1. 绿色建筑智能化设计和施工是落实过程中的核心

设计智能化管理系统，在用电用水方面可以统计各种数据以及分析各种数据，例如，现有的技术可以根据用水量的多少制定不同的水价，达到潜在提醒人们节约用水的目的。在光源的利用方面，室内建造应进行智能化设计，尽可能利用天然光源，这样可以减少电源的能耗。用节能的设备代替高耗能的设备，设计利用相应的设备使得太阳能能够更加高效的使用转换为其他形式的能量，可以在家家户户推广应用。特别是在风大的地区要利用好风能发电，而在河流多的地方，利用水源、利用可再生资源实现资源的转化利用。

火灾自动报警系统和视频监控系统能在面对危害社会安全的突发事件时，快速疏散人群，同时尽最大可能保障建筑内人员的财产与生命安全。

2. 高效运营管理的要点

运营管理中的资源管理主要是节能节水的管理，实现每家每户分类统计自来水、废水，合理地制定收费标准。绿化方面的运营主要是协助物业的管理，使物业能够检测环境和小区内的各个角落，当发现异常时，能够及时采取相应的应对策略，同时使居民生活在一个美观、和谐、自然与城市和谐发展的生态系统之中。综上所述，运营和管理的要点有绿化、网络、材料、资源及废物等方面的综合管理。

人们对生活质量的要求越来越高，建筑应融入绿色化与智能化的建筑理念，同时节能环保，给大众全新的居住和生活体验。

三、建筑智能化存在的问题及解决方法

随着科技的不断进步，人们的生活水平也逐步提高，信息和智能化技术的应用可以大幅度地提高建筑物的使用效率和舒适度。设计建设出具有智能化功能的符合当今这个时代的建筑，是建筑行业的一个新课题。目前建筑的智能化设计及建造过程中还存在诸多问题，需要不断完善。

（一）建筑智能化中相关问题的改进方案

目前，对于建筑智能化相关问题的改进方案主要有：普及智能化应用、敢于进行创新、重视人才的培养及重视智能化技术的全面落实。

1. 在新建筑设计中普及智能化应用

智能化系统的发展离不开长期的应用和实践，人们应该在新的建筑物中，推广相关技术的应用，为后面的发展积累数据和经验，促进智能化技术应用的普及和发展，逐步推进我国智能化建筑施工的应用。

2. 要敢于进行创新

我国智能建筑行业整体发展起步较晚，在技术方面落后于国外发达国家，但是也有相应的后发优势。可根据我国的国情和建筑设计的特点，有针对性地开发一些具有中国特色的智能化系统，实现对于智能化技术的创新，

提高用户的感知度和接受度。

3. 重视相关人才的培养

智能化技术的发展需要专业技术人才的支持，因此，应该重视对专业人才的培养。尤其要培养具有信息化技术和建筑专业的人才，保证智能化建筑既能符合建筑物本身的要求和规范，又具有智能化的特点。要重视提高基层施工人员的素养，确保设计方案能够落到实处。

4. 重视智能化技术的全面落实

当前智能技术在建筑业已经得到全面的发展，如现场施工中智能建筑系统涉及智能消防、建筑节能等方面。在未来发展中人们还应该强化智能技术在建筑体系中的应用，可通过科学的设计提高建筑物的智能水平。

（二）建筑智能化的具体应用场景

1. 出入控制系统智能化改进

建筑物出入控制系统设计是非常基础的，可以对其进行智能化升级。现在的出入控制系统是通过控制器、读卡器、出入按钮设施进行人员进出的管理，可以对其进行智能化改造及升级。如通过人脸识别系统、指纹系统来确定进出人员的身份，将相关数据传输到网络中心进行存档并且能对可疑人员进行识别，提高整个建筑物的安全水平。

2. 建筑照明系统的智能化改进

照明用电的能耗是建筑能耗的主体，可以通过智能化技术对整个建筑物的照明系统进行智能调节，以降低整个建筑物的能源消耗。可通过磁力调节和电子感应技术，对建筑物内居民的用电情况进行监测。然后根据室内人员的活动情况，对相应区域进行合理优化，有利于延长设备寿命，实现有效节能。

3. 在建筑节能方面的智能化改进

除了提到的照明系统之外，水循环系统、建筑物通风系统、建筑物内的电梯等，各种系统都可以通过智能化改造来加强其使用效率，通过对使用者的监控来实现合理的资源分配，以达到降低整个建筑物能耗的目的。

信息化和智能化技术的发展推动了我国建筑智能化的进程。但与发达国家还存在一定的差距。正是因为存在差距，我国的智能化建筑拥有更大的发展空间。因此，应该重视智能技术的应用，注重相关人才的培养，促使智能化技术能够在建筑行业当中发挥其应有的作用，提高建筑物的安全性、舒适性和环保性，以促进我国建筑行业的可持续发展。

四、建筑智能化之路

说起智能，似乎所有的产品都可以冠以“智能”的称号，至于它智在哪里，是否真智？是否所有能执行命令的机器都是“智能”呢？其实大多数所谓的“智能”并不是真正意义上的智能。其实自然界中有很多智能的现象，宇宙中的天体效应、地球的重力感应、磁石的磁铁感应等，这些就是最原始也最具前景的自然界智能现象。从一定意义上来说，建筑智能化真的不一定要全部押注在信息化和物联化等设备管理上。

（一）传统建筑的智能措施

中国建筑史源远流长，传统建筑中也有很多有价值的智能措施。古代建城造园，从单体选型到群落组合及门窗开向、屋面选色等都直接影响着建筑的主动节能。回到本质，建筑智能化的目的是为人类提供更舒适更健康的人性化生活及生产空间。结合传统四合院，从宏观上来讲，整个院落都依山傍水，其间种植花草树木，不仅增加了空气温度、湿度，还增添了不少乐趣。而单体建设遵循坐北朝南的原则，这种做法争取了更多的日照，而采用深色瓦屋面更能吸收更多的辐射热，顺应主导风向开窗则更增加了室内通风，同时也避开了冬季主导寒流。竣工后再在梁柱间施以红蓝相间的彩绘，不仅增加了文化氛围，更给业主带来了愉悦的心理感受。这些就是建筑用语言在阐述着以人为本、住户至上的原生智能。现今采用诸多科技手段：增加中央空调恒温加湿、暖气、背景音乐，不都是为了更加舒适，舒缓人心吗？但古人利用面向赤道建房采暖；利用万有引力组织雨流；利用地热资源治疗疾病，利用建筑美感净化心灵，是不是无形中的智能呢？这些都是最原始也是最有研究价值和前景的智能化，是建筑智能化利用的初级阶段。

（二）现代建筑对智能的发展利用

在欧美，智能化建筑自 21 世纪以来得到了快速发展，已经独立成了一个独立的行业。而当代都市化、城镇化之路更将人和建筑都塞进了拥挤的城市空间，从上级建设主管机关伊始，具体到各地建设公司包括从业负责人，一致认定在当代建筑设计中，智能化系统在建筑中的应用是大势所趋的。目前最全面的建筑智能基本要求是：应具有完整的控制、管理、维护和通信设施；以便安全管理、环境控制、监视报警。总而言之，智能化建筑应实现设备方面自动化，通信方面高性能化，建筑本身柔性化。由于采用了服务化的管理，智能建筑已经可提供优越的生存条件和较高效的工作效率。空调恒温和标准照度加上绿色清静的人造环境让人感到舒适。总结起来，和普通的传统建筑相比，智能化建筑具备了以下特性：① 具备了良好的接收和反应信息的能力，提高了人们的工效；② 提高了建筑本身的安全舒适和便捷性；节能效果良好。③ 各类设备的有效控制，提的环境舒适性的同时，节能效果也很明显，可达 15%～20%左右；一方面可以降低机电设备的成本，另一方面则因为系统使用了高度集成，所以，操作和管理也高度集中，进而人工成本也能降到最低。

而令人遗憾，目前国内 95%的建筑都是高效能建筑，这些矗立在“水泥森林”中的大型建筑，每年都在消耗大量的能源。可见粗放式能源管理的方式已经不能适应低碳社会的发展要求了。

但建筑局限于配套设备方面，不足以实现真正的智能化。可以从本身以及配套设备四个方面深化：① 建筑自身结构要符合智能化。譬如小开间设计，可分可并。而楼板跨度设计也必须是开放的大跨度建筑结构，这样就可允许业主迅速方便地改变其使用功能，或者根据需要临时布置平面布局。比如开间设计为活动式的隔断，甚至楼板也能活动，大空间的可以分为小工位的隔间，每个工位处的楼板由简单的小块板拼成，这样开间和隔墙的布置就可以随着需要灵活变更。② 综合布线也应作变跳考虑，就可快速改变插座功能。通信与电力的供应设计也应该有很大的灵活性，通过结构化的综合布线系统，就可以在室内分布多种标准的弱电与强电插座，紧急时只需改变接线，就能改变插座的功能。远程控制电话接口也能变为通信接口。③ 当下很多中央空调并不符合卫生标准，以至于通风成为传播疾病的媒介之一。国外把这类引起精神萎靡不振，甚至频繁生病的大楼称之为“Sick Building Syndrome”大厦。但是智能化最重要的是要确保使用者的安全和健康，因此防火与保安系统等的智能化便首当其冲，面对火灾和非法入侵等时可及时发出警报，采取有效措施及时制止蔓延。未来在空调系统中装设能监测出空气有害污染物含量的设备，启动自动消毒，使之成为“安全健康大厦”。同时，智能对于温度湿度以及照度均应自动调节、控制噪声，从而使人心情舒畅，提高品质。④ 通过利用远程通信系统，使办公自动化系统从信息孤立的建筑物变成为广域网的一个接点。远近通讯配合，使用户通过身边的电话机，就可以控制给定值的变更以及测试值的确认；运行状态的通知等。从而使接在办公自动化的区域网络上的个人电脑、工作站获得建筑物管理信息，使预约管理系统与空调运行结合起来实现联动。甚至还可使建筑物的管理系统收集到与办公自动化相匹配的财务管理。

（三）未来建筑的智能方向

智能化建筑正在随着科学技术的进步而逐渐发展和充实。电脑的数字通信技术和图形显示技术的进步，正在推动着建筑在智能化方面的飞速发展。或许可以推测在不远的未来，智能化主要依托几方面来逐步实现：① 预测灾害及高效利用建筑面积。建筑基础底面可装设特定仪器设备，感知未来几天或者几百里外的地震信息，主要是和天气预测及地震预测信息发布部门端口相对接，在基础上装设可移动支座，在灾害来临时允许有适当位移而保证建筑不至于倒塌。这类技术在日本已有初步研究。室内设计为可移动式墙体，通过运动感应来调节两个空间的大小以适应因面积过小而影响使用的空间，墙面设计为嵌入式家电及吊顶的可变换使用等。② 主动能源节约。弱电感应、节水、节电等传统手段应越来越成熟，建筑从现在的被动式节能逐渐走向主动式节能。比如在水龙头内安装高灵敏度的传感器，在电价分时收费的地区安装特斯拉电池组一类的自动低价时段蓄能设施，高度整合高效能的温控，资源管理系统；建筑材料根据季节变换时自动调节导热及色差及太阳能和风能的转换技术应用到民用建筑中，等等。③ 建筑的自我学习。建筑内的设备应有记忆功能，记录住户的生活习惯数据。通过记忆，调整资源分配或信道开关，以减少等待时间，提升居住体验等。建筑还可通过人物活动习惯顺序先后及生理特征识别，发现是盗窃等事故时，快速通过互联信息告知主人或物管公司等。④ 主动减低噪音及建筑美感带来的心情愉悦。城市噪音一直是市民最烦恼的问题，是使人患上神经来疾病的源头之一。是否能像蝙蝠的超声波那样，把噪音通过吸收及反射，从而创造一个宁静祥和的居住空间值得探讨。建筑美虽然看起来和智能化毫不相干，但人类是情感动物，外在视觉的感触是影响内在情绪的主要原因，有的场面会给人带来震撼，有的场面会给人带来哀伤，有的色彩给人兴奋，也有的色彩给人和谐。

人类文明和科技的与时俱进，建筑智能化在未来会大有可观而且是必然趋势。在自然极端环境越来越频发的未来，洪水、火灾不再威胁到人类，地震、风雪不再摧残我们的家园。取而代之的是更灵敏的传感器、更大范围的动作端，更高效的资源调控机制，更多地顺应自然、适应自然。相信建筑会真正地走向智能化，人与建筑在不远的未来将与人类和谐共生。

五、建筑智能化与建筑节能

在社会快速发展期间，对于建筑的需求也在不断上升。智能技术的快速发展，出现了一大批智能建筑。国家及地区政府部门对于智能建筑的关注度不断提升，并且联合实际发展需求，制定满足建筑发展的政策法规。智能建筑发展期间也存在较多问题，因此必须提出相应措施解决现存问题，希望能够对相关人员起到参考性价值。

智能建筑是随着信息技术与科学技术发展，衍生的新型技术。相比于传统建筑来说，智能建筑具备多种优势特点。按照当前学者的研究报道，建筑节能技术的应用效果已经成为热点研究话题，并且提出了相应的技术要求，希望能够全面应用建筑节能技术，全面满足人们对于现代化建筑的需求。

（一）建筑智能化与建筑节能的现状分析

随着我国建筑行业的快速发展，城市化发展过程中，相应突出了建筑行业的发展地位。然而由于能源消耗问题日益严峻，导致建筑工程能源消耗问题也比较严重。在建筑行业发展期间，能源节约已经成为重要课题。按照相关学者的统计数据能够看出，建筑行业的人员消耗占据社会总消耗量的30%，并且没有充分发挥出人员的实际作用，从而导致能源资源浪费情况比较严重，导致该种现象的原因主要包括一些方面：第一，建筑智能化发展过程中，工程人员的思想理念比较落后，所采用的施工技术也不先进，在具体施工建设期间也没有做好监督与管理工作，从而导致能源资源浪费问题日益严重。第二，通过分析建筑行业发展现状能够看出，多数建筑人员缺乏节能意识，在施工建设期间，由于追赶施工工期，而不注重绿色节能问题，从而导致资源浪费率提升。

（二）建筑智能化与建筑节能的特点分析

通过分析和研究建筑智能技术与建筑节能能够看出，其所具备的特点主要包括以下方面：第一，高度结合的系统。智能化建筑中，可以采用计算机网络技术，优化集合不同子系统的功能信息，将其纳入到统一关联系统中，以此满足人们对于智能建筑的需求，并且展现出传统建筑与智能建筑之间的区别。第二，节能减排效应。相比于传统建筑来说，智能建筑主要通过自然风和自然光，对建筑室内光线和温度进行调节，以此满足人们对于建筑光线与温度的需求，实现节能减排效果。第三，降低维修系统成本。通过相关学者的研究能够看出，建筑在运营维护阶段，所需要花费的成本明显高于建筑施工阶段。对于智能建筑来说，智能技术多应用自然风与太阳光实现暖通效果，有助于降低建设成本，且应用智能建筑技术后，还能够降低环境污染程度。

（三）智能化技术在建筑节能中的应用

1. 建筑自动化控制应用

当前，电气工程施工建设已经成为建筑工程的重要环节。传统建筑施工方案中，比较关注工程主体施工，忽略了电气工程施工的重要性。自动化控制涉及较多控制内容，其中以神经网络控制为主。该控制方式能够多次反复学习运算，通过子系统，可以对转子速度与其他参数进行调节。神经网络控制也应用到信号处理中，部分控制设备可以代替 PID 控制器，实现相互协作方式。

2. 在建筑电气故障中的应用

当前所应用的智能化技术，能够有效作用于突发情况处理中。不管是运行流程，还是操作方式，都可以为电气设备提供参考价值，以此找寻出最佳处理措施。在电网系统现代化发展过程中，对于电气工程故障诊断的要求也不断提升，如果不能在短时间内寻找问题根源，将会导致后续应用存在较多问题。当前人工智能已经被作为故障诊断方法，并且联合 ANN、ES 技术，按照长期经验总结，可以将理论知识更好地应用到实践中。

3. 电气优化设计中的应用

建筑电气自动化与管理应用实践中，涉及设计工序，整个设计过程的复杂性比较高。设计人员应当具备扎实的电气知识和磁力知识，在具体应用期间，通过知识技能可以不断提升运行效益。基于智能化模式，设计建筑电气工程时，应当结合专业理论知识和积累经验，对设计内容和方法进行优化。在智能化技术支持下，通过计算机辅助软件能够明显缩短设计时间，确保设计方案的科学性和合理性。

4. 火灾报警系统

现阶段，大部分智能建筑的楼层比较高，且依赖于电子设备运行。电子设备运行期间会产生热源，再加上不同设备的信号干扰问题，极易引发火灾，安全隐患比较大。鉴于此。在施工建设期间，应当安装火灾报警系统，并且联合灭火系统、火灾监测系统和自动报警系统，建立一体化安防体系。同时，工程人员应当严格控制工程质量，能够在火灾隐患发生时及时做出相关的安全警示，以此降低故障安全隐患的影响程度。

5. 智能照明系统

照明系统控制具备自动化特点，遥控开关能够对照明灯具的亮度进行自动调节。在大空间顶部安装接收器，利用遥控器能够对照明系统进行控制。照明系统的控制设备还包含开关灯同步门锁功能和红外传感器功能。多数建筑照明系统都采用人工照明方式，并且包含建筑自动喷淋系统、回/送风口、烟雾探测器等。基于电子控制的照明系统已经被广泛应用到智能建筑中，且开始应用非中心化照明系统实现绿色环保要求。

6. 能耗计量

在建筑智能化发展过程中，研发出建筑能耗计量系统，能够对建筑内安装分类与分项能耗进行计量，采集建筑能耗数据，在线监测建筑能耗，并且实现实时动态分析。分类能耗是按照建筑能源种类所划分的能耗数据，包括电、气、水数据等，所应用的分类能耗计量装置为热量表、燃气表、水表以及电表等分项能耗是按照不同能源的用途进行划分，采集和整理能耗数据。包括空调能耗、照明能耗、动力能耗以及特殊能耗等。

（四）建筑智能化技术与建筑节能的发展措施

1. 提升资金投入力度

建筑智能化发展期间，企业会受到资金限制影响，影响建筑智能化技术和建筑节能的发展。因此对于智能建筑节能技术发展实际，国家和政府应当制定满足建筑行业发展的制度规范，提供合理有效的发展环境。建筑施工企业应当在现代发展趋势下，响应国家号召，注重智能化技术与节能技术的投入，并且注重新技术的研发。此外，在施工建设期间，还应当寻找科学的管理措施，在具体施工中应用智能化技术，不断提升企业的市场竞争实力，有助于促进企业可持续发展。

2. 注重节能环保理念宣传

对于施工企业来说，既要提升建筑智能技术与节能技术的资金投入力度，还应当宣传节能意识，确保所有工程人员都能够具备节能思想，将其落实到具体施工中。只有确保员工内心具备节能环保意识，才可以具体到实际建设行为中。

3. 推广应用新能源

各行业领域在发展期间，都会消耗能源和资源。由于建筑行业是能源消耗比较大的行业，且可以应用的能源比较单一。因此对于建筑行业来说，应当满足时代发展要求，科学合理地应用新能源。这样既可以降低能源与资源消耗，还能够完成项目施工对于节能技术的需求。北方地区供暖季节中，可以降低煤炭资源的消耗量，多应用地热能源，吸收土壤能源，将其转化为热能。这样即可以降低能源消耗，还不会对环境造成污染影响。地热能源是可再生资源，能够多次反复应用。

4. 推广应用环保材料

相比于传统建筑来说，智能建筑在施工建设期间能够减少建筑材料的使用量，降低能源与资源消耗。由于能源问题已经成为社会发展的重要问题，施工企业必须将现代节能技术应用到具体施工中，通过应用新型、环保型材料，可以将传统施工技术逐渐转化为智能技术，这样可以促进建筑智能化发展。比如在具体施工时间，可以应用外墙保温苯板，其不仅具备良好的抗压性能和耐冲击性能，并且保温效果良好，因此被广泛应用到智能建筑施工过程中。

综上所述，此次研究通过分析建筑智能化与建筑节能，针对技术能力问题、设备使用问题以及管理水平问题，提出相应的解决措施，包括提升资金投入力度、注重节能环保理念宣传、推广应用新能源以及推广应用环保材料，这样能够提升建筑智能化与节能化水平，有助于促进整个建筑行业的长久稳定发展。

六、建筑智能化系统的结构和集成

随着生产力的快速发展，我国国民经济发展速度逐渐加快，建筑行业朝着更加智能化和科技化的方向发展。21 世纪，智能化的建筑系统是现代信息社会发展的必然趋势。建筑智能化不仅可以提高社会生产力，而且可以改变人们的生活方式。智能化的建筑对传统建筑的发展提出了更高的要求。因此，在此基础上分析我国智能化建筑的结构和集成系统，希望可以促进我国现代建筑行业的良好发展。

随着信息时代的全面到来，现代信息技术逐渐融入建筑当中，智能建筑是未来发展的必然趋势。在新时代的经济发展中，社会整体上朝着更加信息化、智能化的方向发展迈进，其中，智能化的主旨是为了向人类提供更人性化的服务，最大限度地利用社会上的资源。建筑智能化的系统是通过一种集成的方式，将各个子系统在总系统的支配下统一协调地开展工作，在同一个目标中，又把各个子系统利用一定的方式和技术有机地联系起来。在此过程中，信息媒介发挥着重要的作用，整个系统的集成和其他工作的开展都是通过计算机网络进行的。我国科学技术的进步，对建设智能化的系统给予了巨大的支持。智能化建筑的出现，在很大程度上改变了以往的居住方式，为人类带来新的体验和感受，让居民的生活更舒适。

（一）建筑智能化系统的结构

1. 办公自动化系统

办公自动化管理系统是我国建筑智能化系统的重要组成部分，主要包括卫星设备、有线电视设备、预备预警装置和广播系统等，属于建筑内外联系的智能系统。办公自动化系统的核心目的是让企业内部的工作人员方便沟通和交流，有效地进行信息共享，高效率地进行办公。办公系统自动化中，重点包括三个形式：管理型、决策型和办公事务型。不同的服务系统满足在企业中的不同需求，提供人性化的服务，更能彰显智能化建筑的魅力。

2. 楼宇自动化系统

在智能化建筑系统中，这项系统中的主要功能是自动监控系统。目前，在各个建筑行业中基本上都设有监控系统，主要是为了保障居住人员的人身安全以及财务安全，监控的普及是智能化建筑中的重要部分，一是可以实现对较大楼房内各类机电设备的管理和控制。二是通过对外界环境的变化的感知，可以实现自动对设备的调节，使其在运行的过程中具有较好的工作状态。

3. 消防自动化系统

消防自动化系统可以及时预警建筑中发生的火灾事故，是在防火灾的基础原理上建立起来的。实践证明，消防自动化系统可以及时发现烟雾和火灾等实施自动化报警处置。为了防止火灾等其他危害的发生，在建筑建设的过程中会设有警报系统，进一步提高建筑的安全性。另外，在安全防范系统中主要含有入侵警报系统、视频监控、出入口监控以及地下车库管理等，其设置的主要的目的是减少刑事犯罪等的发生。

4. 安保自动化系统

在这个系统中主要包括：一是防盗警报系统。在建筑内设置探测器系统，可以在发生入侵时发出警报声，并和照明同步进行。二是可燃气体警报系统，可以实现对有害气体，如煤气等漏气现象的检测，以及对漏水、漏电的检测。三是电子巡逻报警系统，主要使用的是红外线入侵设备和地音探测设备等。四是门禁控制系统，最新的门禁系统主要有刷卡进门、手动按钮开门等。

（二）建筑智能化系统集成

1. 系统集成的内容

在相关规定中清晰地指出，智能化建筑系统集成的定义是指在智能化的建筑中，把具有不同功能的各个子系统通过一定的技术和手段，在物理上、逻辑上及功能上链接起来，从而可以实现资源和信息的共享。在智能化建筑系统集成中，是用最具有优化意义的统筹设计给用户带来更人性化的服务和使用环境。为用户提供更完整的智能化服务系统，满足广大用户的各项需求，最大限度地提高系统集成后的各项功能的附加值，为用户带来不一样的科技体验。

2. 系统集成的主要特点

（1）整体性和多样性。智能化的建筑中系统集成包括智能化系统中的各个子系统部分：办公智能化、通讯自动化、楼房控制自动化、消防警报、监控以及通信设备等系统。系统的集成不是这些部分的简单堆积和累加，是需要技术的运用科学合理地进行集成和累加，因此，要重视其技术的运用。智能化建筑系统集成中的整体性主要体现在对整个系统中子系统间的信息传递、共享和管理层面的支持，从而使各个子系统可以满足智能化建筑中的各项要求。

（2）安全可靠性和管理智能化。智能化建筑存在的根本目的是维护建筑的安全与稳定。智能建筑要想稳定运行应当建立在系统集成的基础上，促进共享信息的安全性。同时，建筑系统集成具备智能化管理的特点，其实，建筑系统集成就是一种网络的智能化。在实际的运行中，智能化网络同样是建立在工业的标准之上的智能化的集成系统，可以在一定程度上保障资源在整个智能系统中的共享，从而加强对现代建筑的管理。

（3）适应性和扩展性。建筑智能化的系统中需要不断地更新和升级，以此来保障建筑系统的稳定运营。因此，系统的集成必须要具备较强的扩展能力，来满足系统的升级和更新。这主要是指在对系统的端部的数量、网络宽带和类型、延时等要求增强的同时，还需要在现有的系统设置中增加新的设置，并且革新技术水平，改善硬件的环境。这个环节中要注意在不改变用户软件的基础上与原设备进行链接。

（三）建筑智能化系统集成的实现

1. 设备集成

在建筑智能化系统中，设备集成主要是在根据用户要求的基础上，对所使用的各种各样的产品进行具体的使用。在此所使用的集成方法，重点使用在各个分支系统构建的过程汇总。比如，在组建安保系统时，可以挑选一些厂家，分别购买一些探测器、摄像头、主机及监视显示屏等设备，再组装到一起。

2. 技术集成

技术集成主要是指在系统集成的过程中，使用当下最先进的信息技术以及手段，达到系统集成的动能要求，同时，也可以满足建筑行业的要求。一些厂家为了保证在市场中的地位并扩大市场占有额度，需要对所使用的技术进行创新，对设备进行更新换代。但是，大部分的厂商只是在局部进行创新，更多的是保护他们所使用的已有技术。一方面，这些厂商希望在市场中占据领先的位置；另一方面为了迎合用户的需要，重视对技术的升级和扩展。

3. 功能集成

功能集成是以用户实际应用和发展需求为出发点，站在功能的层面上进行科学合理的调配，使其可以有效发挥其功能价值和作用，使智能化建筑系统的功能发挥到最大。功能集成不是要突出使用了多少先进的技术和设置，重点是要彰显在整个系统运作中，是以何种状态和功能展开的运行。因此，在功能集成上，要考虑得更加全面，确保在达到功能的标准下，实现低造价，追求对用户投资的保护。

综上所述，在新时代和经济全球化的背景下，随着我国经济的快速发展，建筑规模逐渐扩大，人们愈加重视居住的环境和质量。智能化建筑在全世界的国家中得到了较快地推动和建设，在建筑行业中更加重视其智能化的发展。对于建筑智能化系统需要的技术，相关人员必须要有深刻的理解，充分掌握其核心的技术，促进建筑智能化系统的快速发展，不断提高人们居住的舒适性、安全性。

七、建筑智能化弱电的系统管理

在科技越来越发达的今天，智能化高科技频出新高，甚至慢慢地融入了建筑行业当中。建筑智能化已经逐渐地被人们了解与认知，建筑行业的标准已经不再是当初那样，依靠机械的操作与简单人力物力的投入就能达到的了，建筑智能化正在逐步取代传统的建筑手段。在建筑手段更替的过程中，建筑智能化的弱电施工管理已然成为典型代表之一，弱电施工管理的发展，有极大的可能会影响到未来建筑业的发展方向。

（一）建筑智能化弱电施工管理的目标分析

关于建筑电气施工质量的控制，对于建筑的单位而言，起着最关键决定性作用的就是弱电施工管理的目标设定。目标的设定对于任何事件的完成都是极其重要的，万事开头难。因此，在建筑电气工程中，工作人员应当将建筑智能化弱电有效应用到建筑当中，并在此基础上，通过分析电气电力的工作方式，促进电力电气，以及建筑行业的整体水平的不断提升、完善。

（二）建筑智能化弱电施工设计

1. 注重设计结构

硬性施工设计的一大重要因素就结构设计。通常来说，由于技术、经济、时间等因素，会影响到智能化系统工程，所以按照严格的要求来说，在施工过程中，工作人员被要求充分考虑到各种因素对施工效果的影响，对于各个方面的影响因素要进行合理分配，并且综合考虑其使用功能、管理工作和经营要求，从而有效的提升建筑设计系统集成程度。

2. 先进技术的应用

先进技术的有效应用，能够明显地提高建筑智能化弱电施工的结果，所以说在建筑智能工程设计过程中，应该去选择对先进的智能化技术、产业技术、IT技术能够熟练掌握与运用的人才，在此基础上才能持续提升施工设计的水平。除此之外，由于只能一次性成功的特性，智能建筑施工设计工程的场地不可以多次变动，校正更新；此外，由于受工程周期和进度的限制，建筑智能化弱电施工约束则更为明显。为了避免这一系列问题，最好的办法就是选择高端的技术设备，辅助施工的顺利进行。

3. 设备的合理选择

任何工作的顺利进行，都离不开一个良好的应用设备，弱电施工也不例外。众所周知，任何设备都有着其特性，并且相同的设备在不同的施工中也会起到不同的作用，因此设备的选择就非常具有技巧性与原则性。对设备的选择，很大程度上会影响到以后的施工效果，因此对于设备的选择要极其认真，以保证后续的施工效率与质量。

4. 弱电线路的合理设计

为了能够有效地提升建筑智能化弱电施工设计的可靠性，当前需要做的就是对弱电线路进行更加合理的设计。环形总线接法是较为可靠的连接方式之一，可以做到适当增加回路是这一方法应用的主要效果。通过这一效果，则能对于单回路设备接入数量进行良好的控制。产品质量和现场因素对于弱电施工过程具有较大影响，这是工作人员在施工规程中应当注意到的问题。除此之外，在弱电线路的设计过程中，不仅要对各个线路进行清楚地掌控，还要对于实际的线路铺设有较为深刻的理解，这就要求工作人员的实际与理论完美地应用到一起，不能纸上谈兵。

5. 技术性要求

建筑智能化已呈现出风起云涌的姿态，它的发展已取得了很多成果，随着智能化建筑需求的提高，智能化建筑必须提高技术水平，运用建筑智能化高新技术，探寻人生存、生产和环境间的可持续发展模式，打造更好的产品。当前智能化建筑利用的技术是建筑技术、计算机技术、网络通信技术和自动化技术的结合。现在的信息网络技术、控制网络技术、智能卡技术、可视化技术、家庭智能化技术、无线局域网技术、数据卫星通信技术以双向电视传输技术等，都将会被更加深入广泛地发展应用。但是，智能化技术只是手段，可持续发展技术才是智能建筑技术发展的长远方向。所以，除了继续利用上述现有智能化高技术，一些新兴的环保生态学、生物工程学、生物电子学、生物气候学、新材料学等技术，也在渗透到建筑智能化技术领域中，保证可持续发展智能建筑技术的运用。

（三）建筑智能化弱电施工管理的重难点分析

1. 弱电综合布线系统管理

做好弱电综合布线系统，就是做好建筑智能化弱电施工的一大重要环节。模块化结构在智能建筑工程中，可以说是应用得相当常见。模拟输入模块（AI）、数字输入模块（DI）、高保安输入模块（LSSI）、模拟输出模块（A0）、数字输出模块（D0），都是建筑智能化弱电施工管理应用较多的模块。而且在施工过程中，要对各个模块的工作程序有良好的了解并且清楚各个模块之间的配合工作。所以在此基础上，必须做到通过各个模块反映给总的控制系统的数据，对整个工程进行宏观的调控，从而增加工程的效率与线路布局的整体性。

2. 弱电安全施工管理

警系统常采用的结构设计，是报警系统总线控制法。这些报警系统的安装与设计，通常会在消防中心或者是防控中心，以增加安全程度，一旦有危险发生，消防中心可以及时清楚险情，以便救援工作的展开。一旦建筑物中有危险发生，计算机的显示屏便可以清楚地显示，与此同时发出报警的声音与特殊光亮。消防人员可以通过本系统清楚地知道危险发生地，以及当时的情况等信息，为救援工作提供了极大便利。同时电子地图也在本系统中得到应用，可以根据此进行操作，利用管理软件发出警报。这样一来，即便出现重大险情，工作人员也可以通过本系统提供的特殊便利，通过各种有效信息在第一时间对险情做出控制行动，出动人员针对险情的主要原因进行排除与清理，极大地减少了救援成本与建筑内的资源损失。

建筑智能化弱电施工，是智能化建筑施工的代表者，也是电气施工的一大创新。智能化，是未来建筑行业发展的一个大趋势；而弱电施工也正是电气发展的一个大好趋势。发展好建筑智能化弱电施工，将会极大程度地提高我国建筑以及电气行业的发展。未来我国的电气行业定能够在探索中成长，在成长中再创新高。

八、建筑智能化的自动控制研究

随着社会经济的不断发展，我国建筑业取得了巨大的进步，智能建筑逐渐融入到建筑业，在建筑行业占据了主导地位。在智能的过程中，主要是利用电气自动化技术，进行实地探索，掌握底部的把握和实际操作等方面的作用，为智能系统提供可靠的有效运行和研究。

（一）建筑智能化与系统

1. 智能建筑

为了适应现代信息社会对建筑、环境和高效管理要求的作用，特别是在建筑上应具有信息交流、办公自动化、建筑设备自动控制和管理要求等一系列功能，并以传统建筑为基础进行开发。目前智能建筑的定义很多，更加统一按照国家标准：包括楼宇自动化设备 BA、OA 办公自动化及通信网络系统，集结构、优化组合系统、服务和管理以及它们之间，提供一个安全、高效、舒适及便利的建筑环境。

2. 建筑智能化系统

就在这时电子设备配置系统的一个简单功能之前，它是对建筑设备和智能加工的全面自动监控，建筑材料优化加工和其他功能，完成建筑工程的建设工程，以满足安全、舒适、高效的居住环境。智能建筑具有节能和环保价值的特点，同时也充分考虑了设计师、业主和用户对现代、时尚、身份、地位、形象、品位、经济，以及对每个要求的重视，满足了每个要求和尊重，满足了质量和安全的投资，节约能源，节省劳动力，控制了多范围的电力设施的控制系统。

3. 建筑智能化系统的主要特点

一是高效且稳定，通过反馈控制系统在每个通信和共享通信内容，使管理系统更加稳定、快速，智能系统只有通过与手机应用的连接无线网络系统可以实现自动化的控制基础上，非常方便、高效。二是及时有效，智能系统的及时性和有效性不仅体现在系统提供的信息和反馈功能上，还体现在整个智能系统对应急响应的响应上。然后智能系统满足人们对工作效率的办公环境和生活环境舒适的追求；实现对能源资源节约的新建筑的要求。

4. 建筑智能化

被视为人的智能（HI）、人工智能（AI）与集成智能（II）三者之和，却又是有着“1+1+1>3”的效果。普通建筑控制是建立在确定的基础模型上的，其结构和参数值固定，变化单一，而智能化控制模型的结构和参数具有很大的波动性。例如，火灾报警系统，智能建筑在任意点的火或危险的信号，它需要报警系统可以及时发出报警信号和反馈到中央处理系统，可以自动喷洒灭火行为，任何危险做出相应的被动和主动控制通过控制系统。主动控制往往起着预防作用，而被动控制却往往使人措手不及，尤其是对智能建筑网络（以太网）来说，是及时控制相对快速响应速度的需要。智能系统可以通过主动控制与被动控制相结合来解决这个问题。当然实现智能建筑自动控制目标的过程不能与人控制或人机交互人格化指令分开。

（二）工程应用

住宅小区智能化管理的案例研究。智能建筑系统由 10 个弱电子系统组成，即中央计算机与网络、办公自动化设备、楼宇自动化、安全管理、智能卡、火警、内部通信、音频、视频和天线、停车场管理和集成布线。根据系统结构，智能建筑由智能建筑集成管理系统，通过集成配线系统构建管理自动化（BA）、通信自动化（CA）和办公自动化（OA）三个要素连接到管理和控制 3A 智能建筑。智能建筑环境中的智能功能由 SIC、PDS 和 3A 系统等五个部分组成。智能建筑集成计算机信息交流和其他方面的最先进的技术使建筑的电力、照明、防灾、防盗、运输设备等实现协调，结合安全管理自动化（SAS）和消防自动化（FAS）包括五个主要功能，和 SCS 和机制的结构化布线系统综合 SNS 网络系统、智能大厦综合信息管理自动化系统 MAS 实现智能建筑。

其中，监测报警系统是该基础建设的重要组成部分。系统采用数字技术，通过低压电网周边报警，结合监控平台联动集中器区，通过局域网（以太网）实现实时通信和应急处理。监控中心是住宅物业安全部门的安全管理部门，系统中心可以对 24 小时突发事件及时地报警和主动反馈给保安人员。

住宅建筑监控警报系统主要设备包括视频监控设备、音响设备、视频投影仪、远程控制、供电电路、小型进出口通道、建筑物和家庭入口及走廊都配有电子监控和访问控制系统。住宅安全、物业管理人员和业主可以看到客人的头像，三方可通过远程控制访问系统访问客人。这种及时的通信系统也能将居民和财产安全紧密联系起来，在遇到危险时及时报警，以确保居民的生命财产安全。此外，它使用智能控制面板也是世界知名品牌，性能稳定，功能强大，且整个智能系统相辅相成，非常协调。

在建设行业国际化的过程中，不断提高国家市场的竞争力。在普通的传统建筑工程特别是考虑到实际情况和环境条件的生活需要使用是一个重要的建筑设计和建筑设施改造和安装过程，但也充分考虑未来智能转换改造做好预留工作，使以后在改造过程中没有大的破坏和修复，实现设计经济性以及伸缩性。

九、建筑智能化的设计与实现

经过几十年的发展，智能建筑的概念已经深入人心，智能化系统在建筑体系内生根发芽，已发展为一门独立学科。综合布线系统相当于建筑内部的信息高速网络，将建筑内部的各智能化子系统整合连接到大楼的网络管理平台中。国家大力发展建设的智慧城市项目，使建筑的安防系统、消防系统、立面照明系统均与城市控制中心无缝对接。

系统平台构架：在建筑智能化系统中，各子系统平台化运行，各子系统之间互不干扰又协作共存。

子应用系统：在建筑智能化系统中，需对各个子系统的数据流进行访问及备份。

三方系统：建筑智能化系统不但要做到能兼容各个子系统，还需要保障相互之间的通信互联，实现数据共享的同时，还需通过防火墙确保用户的信息安全。

（一）智能化系统的总框架

建筑智能化包括办公自动化系统、通信自动化系统和楼宇自动化系统三大子系统（简称为3A系统）组成。各子系统由系统集成中心通过建筑内部综合布线系统实现连接及控制。

（1）系统集成中心，通过系统集成中心使建筑内部的智能化子系统的数据信息汇集到一起，并对各子系统的数据进行及时处理，实现统一管理及控制的功能。

（2）综合布线系统，综合布线系统是集成了数据通信、语音通讯的开放式的布线系统，它将建筑物内部的数据传输系统、数据处理系统以及语音传输系统有效地联系起来，并通过相应的连接设备及通信协议实现与外部网络系统的连接。综合布线系统具有实用性、可扩充性、开放性、先进性、统一性等特点。

（3）办公自动化系统，办公自动化系统主要包括：人员考勤系统、动态信息发布系统、日常办公流程管理、会议信息及办公内部通信系统等。

（4）楼宇自动化系统，楼宇自动化系统是建筑智能化的核心，通过它实现对建筑内各种电气设施进行有效的管理及控制，楼宇自动化系统包括：现场检测及执行元件、直接数字控制器、中央控制系统。

（5）通信自动化系统，主要负责处理建筑物内部的语音、文字、图像信息的传输及其他数据的传递。

（二）安全防范系统

安全防范系统设置的意义在于保障大楼及大楼的人员生命、财产安全。保障大楼人员的生命、财产和工作生活不受侵犯，维护民众常规的生活、生产秩序，维持一个稳定、安全的工作环境。

安全防范系统包括视频监控系统、入侵报警系统、巡更系统、门禁系统和对讲系统，各系统的配合设置，实现对大楼动态多手段、全方位的监控。

视频监控的系统类别主要有两种，全数字网络监控系统及模拟数字结合监控系统。模式监控系统技术成熟，造价较低，但系统结构复杂，清晰度低、线缆较多，信号传输距离较短，主要由模拟摄像机、视频传输线、数字硬盘摄像机及视频矩阵器组成。全数字网络监控系统灵活性高、结构简单、布线少，并具有较高的扩展性，据此采用全数字网络监控系统。采用 4 芯单模光缆作为视频监控连接监控中心及各设备间的垂直干线。

在车库、室外广场、裙房、门厅、公共通道、重要机房、电梯前室以及电梯轿厢等重点部位设置高清网络摄像机。网络摄像机数据传输线采用六类非屏蔽 8 芯双绞线，若线路过长（据弱电设备间超过九十米），则用单模光纤作为数据传输线缆，光纤两端设置光电转换器。

室外采用 1080 P 高清数字摄像机，室内采用 720 P 高清网络数字摄像机，选择带自适应红外补光的摄像机产品增强视频监控效果。摄像机采用 UPS 电源集中供电，在视频监控中心设置 UPS 集中电源，由此提供 220/380 V 电源到设备机房、分监控室、弱电设备间的 UPS 电源配电箱，再通过电源模块为终端摄像头设备提供稳定电源。视频监控中心电源为一级负荷，由低压配电房提供两路可靠 380 V 低压线路供电。

（三）综合布线系统

建筑综合布线是建筑的信息传输通道。系统由综合布线机房、综合布线机柜、水平及竖向布线通道、传输介质、连接器、配线器、电源适配器以及终端插头等组成。

水平及竖向的综合布线管网建设，是弱电智能化建设的基础，因此，设计一套科学合理的综合布线系统，满足所有弱电线缆的敷设（如：无线网、监控、广播、有线电视等），并能够考虑今后的发展，使其在相当长一段时间内弱电项目建设不再大量重复建设，满足大楼的使用和运维要求，同时还需要考虑好与运营商的对接，设置通讯对接人孔，以便于个运营商的缆线接入。

综合布线系统是整栋建筑内部网络系统的神经系统，智能化建筑的关键部分和基础设施之一，是整个建筑各智能化系统的通用平台，是向所有具有通讯要求的设备提供通信线路的最底层的系统，布线系统应具有先进性、灵活性、实用性和可扩充的能力。

为了满足建筑内通信系统及弱电系统的使用需求，综合布线系统为这些系统提供通讯路由及传输介质平台，满足建筑内的通信互联和信号传输的需求，通信系统需由运营商引入语音光、电缆；电视光缆、数据网络光缆等不同线缆，这些光、电缆均通过建筑内通信管网进入各楼层的信息中心汇集点，建筑内的语音光电缆、电视光缆、数据网络光缆等，合用本通讯管网的管路及人、手孔井。建筑物内外的数据、语音、安防与广播等系统也是通过室外通讯管网与室内水平、垂直桥架的有机结合，来完成整个系统的线路敷设。在各功能房设置综合布线系统的语音及数据点。

设置网络中心机房，按楼栋或楼层设置配线架。

语音及数据采用六类非屏蔽综合布线系统。网络主干线采用万兆单模光纤，楼内主干采用 8 芯千兆多模光缆，语音干线选择三类大对数电缆，出线插座采用非屏蔽六类模块。

无线网络：建设的无线宽带网（接入认证方式）覆盖整栋建筑公共场所，包括把门厅、办公区域、避难层、室内公共过道、报告厅室等有线网络使用需求但无法延伸到的场所或者区域，各无线点之间能实现无线漫游。POE 交换机就近安装于设备间机柜，采用光纤与核心交换机连接。

第二节 建筑的智能化技术

一、建筑智能化技术理论基础

近年来，在信息持续发展的影响下，互联网技术逐渐普及到了各个领域，并且得到了较好的推广运用，为人们的日常生活工作带来了极大的转变。在信息技术和互联网的快速发展影响下，智能时代随之到来，这使得建筑设计也逐渐与智能化结合起来。为了能够更好地提升建筑智能化水平，应当如何进行设计成为了探讨的重点。

（一）智能化背景下建筑设计概述

在社会快速发展的过程中，人们对建筑的要求已经不仅仅是局限于居住功能，逐渐要求其能够具备各种智能化特色，满足人们的日常需求，这就使得建筑逐渐朝着智能化方向快速发展。就智能化建筑的发展来说，是当前建筑行业实现可持续发展的重要举措，同时也是人们将智能化、科技化与建筑结合的一个必然趋势。与普通的建筑相比，智能化建筑设计相对更为多变、繁杂，其对可持续发展有着较高的要求，此外在进行智能化建筑设计的过程中，同时还要求其能够与生态资源、周围环境充分结合起来，利用各种丰富的多元化技术实现对建筑资源的有效节约，以此实现对普通建设设计中的资源耗损问题进行控制。概括来说，智能化建筑更为强调长期的规划，与生态、环境的结合，是社会持续稳定发展、新时代非常重要的基础条件。

（二）建筑智能化技术要点

1. 出入口控制系统中的智能化设计

在对建筑进行设计的过程中，出入口是非常重要的基础设施，为此，针对出口入的设计中配置智能化系统非常有必要，其能够更好地实现对出入人员的控制和记录。在对建筑智能化设计中，出入口控制系统主要是运用控制器、读卡器与出门按钮等设施设备，以及管理计算机、各个管理系统软件组成。借助出入口智能控制系统，不仅能够实现对出入人员的识别，同时也能够对出入人员的个人信息进行录入，实现对相关信息的检索，这就能够实现对不明身份人员的迅速确定，快速明确其存在的危害。这就能够使得正片区域的安全水平得到迅速提升，从而进行更为简单快捷的操作，使得整个建筑的安全系数得以提升。

2. 在消防系统中的智能化设计

在建筑设计期间，消防系统也是非常重要的环节，可以说整个建筑人身安全保护的重要防线。消防系统若本身功能缺陷或者不健全等，就可能使得其整个生命财产遭受到较为严重的损失。在进行建筑智能化设计期间，消防系统也因此逐渐实现智能化发展。为此，在智能化建筑设计中，消防系统的合理设计至关重要。针对智能化消防系统，可为其配置相应的火灾报警设计，这就使得设备能够迅速连接，迅速完成对火警信号的接纳、显示以及输出，同时该系统还可结合不同的火情进行消防设备的调用。一方面，将智能设计与消防系统结合起来，可配置相应的自动喷水装置、烟雾感应装置等，其能够较好地实现对火灾蔓延以及发生的有效控制；另一方面，借助互联网能够迅速完成对火情的判断，并及时实时监控进行火灾救援的指挥，以最快的速度完成对火灾的处理。

3. 在照明系统中的智能化设计

在人们生活水平持续提升的影响下，人们对环境、建筑的要求也因此随之升高，电能的消耗也因此不断增加，节能也逐渐成了建筑设计的重要考虑内容，尤其是绝大部分情况下，建筑中的照明系统都不得同时开启，为此配置智能化的照明系统，能够结合区域的光照情况给予照明供应。在智能建筑系统中，照明系统是非常重要的一部分，不仅直接关系到居住人们的日常需求，同时也关系着建筑物的便捷性。在智能照明系统中，主要借助电磁调压技术和电子感应技术来实现照明控制，前者重点是针对电路供电情况进行动态监控，结合监控结果给予相应的照明处理，后者则是对室内人员的活动情况进行检测，以便针对区域做出相应的优化处理。借助智能化照明系统，能够更好地实现对设备使用寿命的延长，同时也能够实现对能源的有效节省。

4. 在节能方面的智能化设计

在能源消耗较为严重的影响下，节约资源保护环境逐渐成了社会的热点话题，同时也成了国家关注的重点话题，这使得能源利用以及节能成了建筑设计的一大重要特色。在现代化建设设计的过程中，智能化主要是结合当前的技术、理念、材料等，以适当的方式来控制整个建筑的能源消耗率，增强循环利用率，从而达到绿色环保，协调发展的效果。在智能化建筑设计中，借助环保材料以及智能化功能，能够为人们提供一个更为舒适的人居环境，同时也能够使得整个建筑物的外观更为优雅耐看。与此同时，在智能化设计中，可配置一个水循环系统，其能够结合建筑不同的用水需求进行水资源等级的划分和循环利用，以此实现对水资源的浪费，使得绿色环保的目的得以提升。

总而言之，在社会飞速发展的影响下，智能化逐渐走入了各个领域中，这使得建筑设计也随之朝着智能化的方向优化，但因其特点，故在对其在进行设计的过程中，必须对各个方面进行综合全面的考虑，以便更好地提升智能化建筑的效果。

二、建筑智能化技术网络技术发展趋势

（一）应用广泛性

随着科技的不断进步，智能化技术网络技术在建筑中的应用更加广泛，从宏观层析来看，智能化技术网络技术被应用于建筑通信系统、信息管理系统、水平线缆、多媒体技术、电梯系统、照明系统、监控系统、访客系统和消防安全系统等各个领域。此外，随着智能化技术网络技术的不断深入，智

能大厦也日益兴起，有效的推进了建筑的安全智能化管理。

（二）提升建筑环境的安全性

智能化技术网络技术对维护建筑的安全起到了重要作用，而全面提升建筑环境的安全性，则需要将智能化技术网络技术植入消防安全系统和电力系统中。对于消防安全系统来讲，在融合智能化技术网络技术时，要确保火灾报警控制器的设置符合以下规定以构建智能化安防系统：

目前，火灾报警控制器分为两类，一类是只具有火灾报警功能的控制器（可称为单一性火灾报警控制器），一类是兼具报警和联动自动消防设备功能的控制器（也称为“联动型火灾报警控制器”）。在为这两种火灾报警控制器植入智能化技术网络技术时，要根据它们的差异来进行相应的组装，明确单一性火灾报警控制器的连接模块是指火灾探测器所接的模块，可以在线型光束感烟火灾探测器的地址模块、火灾探测器的信号转换模块和一级中继模块移植智能化技术网络技术；联动型火灾报警控制器的模块是用于联动功能的模块，主要包括水流指示器、防火阀的输入或者输出模块、信号阀的输入模块等，在为这些模块植入智能化技术网络技术时，需要给报警系统和联动系统分别使用不同的回路，这样有助于维护报警控制器的稳定性。

在为消防设备系统安装智能化技术网络技术时，要绘制好精确的图纸，一般情况下，火灾报警控制器、消防控制室图形显示装置和消防联动控制器安装在墙体上时，其距离地面的高度宜控制在 1.3～1.5 m，靠近建筑门轴的侧面距离墙体的距离不能小于 0.5 m，正确操作距离应控制在 1.2 m 左右。

植入智能化技术网络技术以后，要确保火灾报警控制器的所有信息在集中火灾报警控制器上均有显示，而且能够集中收集火灾报警控制器的联动控制信号，并自动启动相应的消防设备。

任一台火灾报警控制器所连接的火灾探测器、于动火灾报警按钮和模块等设备总数和地址总数均不能超过 3 200 点，其中每一条总线回路连接设备的总数不应高于 200 点。

对于电力系统，应借助智能化技术网络技术确保建筑电力系统的接地安全，完善点位联结。此外，居住建筑各电气系统的接地宜使用共用接地网，并借助智能化技术网络技术将接地电阻值控制在电气系统的最小值内。对于电梯系统、自动扶梯和自动人行道电源开关的智能化技术网络技术设置，要遵循以下三大规定：① 电源开关应采用低压断路器，所规定的电流不能低于计算电流。② 低压断路器的过载保护特性曲线应该与电梯、自动扶梯、自动人行道设备的负载特性曲线相配合。③ 将电源自动化检修盒设置在顶层电梯轿厢门的一侧，确保其和地面距离在 1.3 m 左右。

（三）推动建筑工程步入绿色环保型

绿色建筑理念着重强调对建筑节能环保效益，因此，在绿色建筑理念指导下的智能化技术网络技术建筑项目设计管理应在考虑自然和社会因素的基础上，充分发挥绿色建筑在可再生资源利用方面的优势。结合当地太阳能、风能、地热能以及水能等可再生能源基础，有针对性地进行智能化技术网络技术的选择和应用，并通过优化照明取暖系统来实现节能减排的目标，以此不仅能使建设项目的设计管理获取最大的经济效益，还能使其取得较高的生态效益。

综上所述，当前建筑智能化技术网络技术被广泛应用于建筑节能系统、办公系统和安保系统中，有效提升了建筑综合质量。可是，和西方发达国家相比，中国建筑智能化技术网络技术应用还相对落后，有时会给国民的正常生活与工作带来诸多不便，甚至造成重大损失。对此，需要将建筑智能化技术网络广泛应用于建筑通信系统、信息管理系统、水平线缆、多媒体技术、电梯系统、照明系统、监控系统和消防安全系统等各个领域；全面提升建筑环境的安全性，按照科学规则与方法，做好建筑智能化技术网络技术的移植工作；在绿色建筑理念指导下，不断优化智能化技术网络技术建筑项目设计管理体系。

三、建筑智能化技术设计及其特点

（一）简述建筑智能化技术

智能化建筑（Intelligent Building，IB）是智能化建筑是将建筑、通信、计算机网络和监控等各方面的先进技术相互融合、集成为最优化的整体能够适应信息化社会发展需要的现代化新型建筑。

智能化建筑是应当代科学技术、经济发展成果、人民居住生活要求而生的一种新型的符合人们日常生活、工作、娱乐需求的多功能、人性化、智能化的高科技建筑。

建筑智能化技术主要有三个方面组成，分别是：建筑自动化技术（Building Automation System）、通信自动化技术（Communication Automation System）和办公自动化技术（Office Automation System）。这三方面技术可以简称为 3A，三种自动化技术共同构成了建筑智能化技术，三种自动化技术的共同应用，保证了当代建筑能够符合人们日常生活、通信、办公的需求，同时使人们参与各种社会活动的过程中能够更方便，集三种自动化技术为一体的建筑智能化技术现已广泛应用于当代建筑工程建设中，根据大量实践表明，通过建筑智能化技术建造出智能化建筑有低能耗、高效率、保护环境、绿色健康和可持续发展等明显特点。

（二）建筑智能化技术的具体要求

建筑智能化技术包括建筑自动化技术、通信自动化技术和办公自动化技术，因此在实际建筑工程的建设过程中应该使得建筑智能化技术满足如下具体要求：

1. 必须有完善的公共安全系统

公共安全系统泛指能够通过应对火灾、非法入侵及自然灾害等重大安全事故或者自然安全事故来减少居住地人民财产、生命安全损失的一种重要的智能化建筑组成系统。该系统通过处理上述所说的重大安全事故或者自然安全事故以确保人民生命财产安全、确保应急联动技术安全可靠，能够及时联系相关消防部门进行第一时间的处理。

2. 必须有智能化集成系统

建筑智能化技术中必须要有智能化集成系统，以将不同功能的建筑智能化系统统一集成在一个系统中，以满足不同智能化建筑的风格要求。同时，这种智能化集成系统必须具有资源共享、信息分享、优化系统管理等功能，以满足不同建筑物的具体功能。

拥有智能化集成系统的智能化建筑能够有效地根据不同建筑物的建筑规模、建筑功能来确保建筑资源合理分配到不同的建筑物中，已形成综合管理、资源合理共享的功能。

3. 必须有信息化应用平台

在拥有智能化集成系统的基础上，一个智能化建筑要实现和外界的信息互通或者建筑系统内部信息的交流都必须要有一个完善的信息化应用平台，以实现对外界或者建筑系统内部各种有用信息的整合和无用信息的删除。

信息化应用平台主要的功能是通过将外部或者建筑系统内部的信息加以收集、传输、交换、整合、检索与输出等一系列信息处理手段，来为建筑物的居住者和具体管理者提供良好的信息应用和交流的平台，真正达到一个建筑物中的信息交流一体化、信息共享实时化、信息服务人性化。

完善的信息化应用平台应该包含以下具体的应用系统，比如，信息网络应用系统、卫星通信系统、会议系统、信息处理系统、室内无线通信系统、电视信号接收系统、电话接收系统、无线移动系统等。通过这些应用系统的完美应用和无缝隙整合来实现为居住住户或者办公用户提供完善的、无死角的、快捷的业务信息运行的具体情况，保证业主能够实时地接收到物业或者小区提供的有效信息，同时能够保证物业或者小区能够完整地掌握各种住户信息，更好地了解住户的需求，以完善自己的物业服务系统和信息处理系统。

4. 必须有紧急事故处理机房

用于处理紧急事故的机房不仅可以用来处理建筑工程中发生的各项紧急事故，同时可以作为公共安全系统、智能化集成系统、信息化应用平台的存放地点，以确保在断电、断网或者发生火灾、水灾或者遭受人为损害后上述所有智能化建筑技术系统不会停止自己的运转，进而保证整个建筑工程的正常运转，确保建筑工程管理部门对建筑信息的实时搜集和掌握。

四、建筑电气智能化技术设计的分析

在建筑电气智能化设计中对技术形式有严格的要求，以现有评估方案作为基础，为了实现精细化处理，在智能化指标掌握阶段，需要定期对电气工程质量了解，施工过程中可能还会存在不同程度的问题，因此可以从实现远程设备控制、照明系统的智能化设计、智能化配电系统设计等方面入手，只有保证检测准确性，才能最大限度满足施工质量。适当的施工形式利用，能便于后期维护，效果突出。

（一）电气工程设计中智能化技术的优势

1. 智能化技术比较灵活

所谓智能化技术，最大的特点就是“智能”二字，智能意味着通过现代信息技术，我们可以最简洁最高效地进行电气设计，而这也正是智能化技术的一个巨大的优势——灵活。在我们传统的电气设计领域，大多是由相关技术人才，通过人工的方式，对整个建筑的电气结构进行设计建造，在这个过程中掺杂许多个人的因素，难免出现偏差和错误，再到之后的实际操作环节，更是会产生一定的操作失误和偏差。而使用电气自动化智能化的设计，便可以减少失误和偏差，以最优的方式解决设计问题，并且可以有最高的效率。

2. 智能化技术具有一致性

建筑电气智能化技术设计具有一致性，在进行数据处理中，智能化技术表现出明显的一致性。该技术形式对于同一类别的信息技术处理形式有不同程度的要求，在整个处理阶段，只有保证电气设计的科学性和时效性，才能满足整体设计优势。智能化技术以不同的数据作为基础，在对数据进行评估和处理中，针对信息的类别可知，对数据形式评估后，能保证电气工程设计的严谨性和科学性。在电气工程具体实施中，如果存在管理不到位或者其他类型的问题，都会直接对设计效果造成影响。

3. 智能化技术形式控制力强

智能化技术形式一个显著的特点就是控制力比较强。在电气工程设计中，为了体现出智能化设计形式，在技术类型分析阶段，需要以先进的技术管理理念作为基础，人员智能化的设计体现在高度控制中。如果设计模型出现参数高或者控制不到位等现象，在技术分析中要充分利用现有的方案，实现对对象的把握和控制。

（二）建筑电气智能化技术设计分析

1. 实现远程设备控制

建筑电气工程是建筑工程项目设计的重要内容，在电气设计中如何合理应用该技术形式是关键，根据设计单位以及居住者的要求可知，结合使用者的实际需求进行预设后，能满足设计内容要求。此外考虑到智能化设计模式要求，在各项技术类型应用过程中，兼顾到排水系统、照明系统和通信系统等。信息集中化分析中，需要对终端设备掌握，通常情况下远程设备的控制是重点，例如空调器采用的是智能化技术，采用信息接收器对信息处理后，设定空调输入和输出接口，便于后期维护。

2. 实现照明系统的智能化升级

众所周知，照明系统是建筑电气工程中的常用设备，实现照明系统的智能化升级是智能化技术的内在要求。想要实现照明系统的智能化升级，首先要根据照明系统的应用要求，选择接口位置一致的输出路线，从而保障线路传输的有序进行。与此同时，还要实现对对象的控制，以此起到降低能耗的作用。其次，在智能化技术应用过程中，还要采用接口一致的灯具，进行输入和输出线路的处理，从而实现信息的合理传递。

3. 智能化配电系统设计

建筑电气工程设计中对供电形式和配电系统的设计有严格的要求，如果整体水平比较低，则在智能化设计中，无法实现系统的合理化设计。结合供配电建筑用途以及实际需求可知，做好配电系统的设计工作后，对系统进行检查。智能化技术采用的是实时监控的形式，根据智能化技术类型需求可知，采用合适的措施进行产后护理后，能满足自动化控制水平要求。此外工作人员需要对远程系统进行掌握，以供配电模式为例，实现电量参数的实时调整，降低建筑用电成本，在远程控制中，如果忽视了对电量参数的调整，势必影响方案落实。

（三）智能建筑电气技术的未来发展趋势

1. 技术更可靠、设备更精湛

电气装置在智能建筑施工中发挥的重要作用，它在持续不断地工作，装置保障着工作运行的稳定有效。由于不但需要装置本身可靠耐用，而且需要前沿的电气技术支撑，所以，必须加大电气设备的开放力度，并且不断提升电气技术水平。我国也正处于向信息化的快速发展阶段，政府也正在调整经济结构，转变经济发展策略，大力支持发展智能建筑建设，并且出台了节能新标准，树立了环保节能的绿色观念，促进城市建设的合理有效。

2. 绿色环保趋势

智能建筑与传统建筑最大的不同在于，智能建筑的设计观念是追求自动化，它是对人类生活质量和建筑设计的进一步优化，并且在设计和施工过程中，一直朝着节能环保的方向发展。智能建筑的绿色生态理念，融汇了控制、决策及管理等各方面技术，必须利用大量的合理的智能系统来保障项目的实现。把智能建筑电气技术与节能环保的绿色观念结合，不仅节能减排，也是智能建筑未来发展的必由之路。

综上所述，建筑电气智能化技术的开发与应用具有极大的实践意义，与此同时，作为信息技术的产物，电气智能化技术的应用不仅可以在一定程度上提高建筑工程的质量，减少能耗、节约成本，同时还能够极大地满足人们相关需求，全面提高服务质量。所以，建筑电气智能化技术的应用和落实迫在眉睫。在此过程中，由于同的设计形式以及设计机制直接影响着最终的应用效果，因此，要实现对设备运行情况进行有效的监管和操控，不断优化和升级电气智能化技术，在保障电气工程质量的同时，实现建筑电气智能化技术应用的合理性和有效性。

五、建筑智能化技术在物联网时代的发展和应用

经济社会的不断发展，给不同的行业都提出了更高的要求，建筑智能化技术应运而生。在智能建筑相关领域，物联网的使用不仅可以对建筑的自动化以及智能化有一个全方位的提高，以满足人们的智能化需求，还可以让人们的生活环境得到较好的改善。现如今，人们的生活水平得到显著提升，对于高质量的生活以及智能化的建筑就存在了很大的需求，而在建筑中进行物联网的应用，首先是建筑物的智能水平得到有效提升，让人们的生活环境得到有效改善、更加便捷，还在一定程度上对生活的安全也提供了有效的保障。所以，对建筑智能化技术进行深入研究，有着重要的发展作用。

（一）物联网和智能建筑

1. 物联网

物联网，顾名思义就是物品与物品之间相联系的网络，物联网的主要基础是互联网科技，本质来说是对互联网的一种扩充和发展，但是物联网实现的是物品的联系，互联网是信息方面的交流。随着社会的不断发展，我国的物联网技术也得到全面进步，在社会的各个方面，尤其是网络购物、移动支付及智能教学等领域都有着物联网技术的参与。在实际的应用中，物联网技术已经成为我国发展的重要产业之一，云计算和传感器等方面的技术都和物联网有很大的关系，网络传输的技术也和物联网密切相关。

2. 智能建筑

根据人们的实际需求对所居住的建筑的各个方面进行智能化的组合，以达到满足居住要求的建筑就是智能建筑。其主要的目的是让建筑体突破旧的模式，构建一个健康、舒适的环境。智能建筑主要由对建筑内部设备进行控制的自动控制技术、进行通讯的现代通信技术、实现信息交流处理的计算机技术、安全居住的建筑物环境的建筑技术四大方面构成的。智能建筑由于在节能环保、安全舒适方面能够起到重要的作用而被人们广为接受，并且在不同的领域内都得到了推广使用。

物联网技术和建筑的融合改变了很多的传统建筑认知，在建筑物中放入电子芯片，在照明灯中使用各种控制技术，通过房屋内的简单构造就可以对整个房屋的环境进行监测。建筑行业在物联网时代的一大突破性发展就是智能建筑。

（二）物联网在建筑中的应用

1. 节能减排

在建筑物中使用物联网技术，可以做到有效的节能减排，其主要表现在两方面。一方面是照明系统，主要是依托于 ZigBee 技术，使用新型的调光器、智能的插座和无线网开关等部分可以构造一个智能控制照明的系统，在这个系统中，实现的不仅是照明电的合理化使用，还可以把自然的采光和点灯的照明很好地结合在一起，既可以保证人们的生活使用，又可以实现节能环保，使用起来方便快捷；另一方面则是在空调系统里面使用智能的感知部件，这样可以做到对建筑物的环境进行有效的检测，再通过管理系统对空调进行合理的调节，让建筑物中的温度时刻处于最适宜人居住的温度，让人的生活环境得到有效的改善。使用无线传感的技术，还可以建立一个建筑物能源消耗的动态检测，对建筑物中能量发生的变化进行全程控制，出现异常的情况时可以及时找到问题所在并进行处理，达到建筑物的有效节能减排。

2. 安保防护

居住安全是目前人们广泛关注的重要问题，使用物联网技术的建筑物可以有效解决这一难题。在以往的技术环境下，安保方面只能是依靠于摄像监控器，但是实际并没有起到很大的作用，很多的监控都只能保存较短的一段时间，而且只能是在问题出现以后进行证据的收集。建筑智能化技术则有了很大的改变，智能的安保系统可以实现电子巡视、不同角度全面监控建筑物内外环境，出现异常情况直接报警，尤其其中还有红外线的遥感技术，可以对摄像头的角度进行多角度的转换，实现对建筑物的无死角全面监控。

安全防护还有着另外的作用，比如，在家庭的环境监测方面，智能系统可以对建筑物环境中的二氧化碳含量进行有效监控，一旦浓度超过一定的标准，将会自动连接火警系统，保障人们的居住安全。

3. 网络集成

物联网的技术还在建筑物的网络集成方面起到重要的作用，主要的表现有：互联网宽带，使用宽带进行网络通信，实现与外界信息化的全面沟通和交流，和计算机技术很好地融合在了一起，尤其是在 EPON 和 GPON 得到较好的发展后，建筑的智能化使得宽带互联网和物联网得到了更好地融合。无线网络的发展，在 Wi-Fi 技术得到不断发展后，智能建筑中 Wi-Fi 的使用也得到了较为全面的普及和发展，使无线网络和有线网络实现了很好地结合。网络通信相关技术的使用，促进控制网的性能得到有效的提升，更好地实现了智能控制。

4. 智能家居

随着人们生活水平得到了很大的提高，人们已经在朝着高档消费品不断前进了。智能家居给人们带来了很大的便利，例如，可以使用语音实现对家电的控制，建筑内的照明设备可以根据自然采光的情况进行照明强度的调整。在使用了物联网的 ZigBee 技术之后，人们甚至可以通过手机对建筑内部的智能家居设备进行远程的遥控指挥，比如在即将要下班的时候，将模式设置为回家，在屋内的照明设备可能已经开启，空调和热水器开始启动，用户回到家通过指纹锁进入屋内，便可以享受到舒适的环境。在离开家以后，将模式调整为离家，煤气、水阀及用电设备将会自动关闭。

第四章　建筑设备自动化系统

第一节　建筑设备自动化系统的概述

一、系统构成

建筑设备自动化系统（Building Automation System，BAS），又称为楼宇自控系统，是采用计算机技术、自动控制技术和通信技术组成的高度自动化的建筑物设备综合管理系统，目前已经发展成为分布式智能控制系统，并进化为基于多智能体（Multi-Agent，MA）的集成系统，同时伴生数字孪生应用。主要负责对建筑物内许多分散的建筑设备进行监视、管理和智能控制。主要包括：

（一）建筑设备运行监控系统

建筑设备运行监控系统包括高压配电、变电、低压配电、应急发电，以及空调及冷热源、通风环境监测与控制、给排水、卫生设备、污水处理和照明系统。

（二）交通运输系统

交通运输系统包括电梯控制和停车场管理两个子系统，负责对电梯的运行进行监控和对停车场进行自动化收费管理。

（三）智能防火系统

智能防火系统由火灾的自动检测与报警、灭火、排烟、联动控制和紧急广播等子系统组成，是一种能够及时发现和通报火情，并采取有效措施控制扑灭火灾而设置在建筑物中或其他场所的自动消防设施。

（四）安全防范系统

安全防范系统由防盗报警、电视监控、出入控制和确认分析及电子巡更等子系统组成，可以有效防止各种偷盗和暴力事件，是一个多层次、立体化的安防系统。

（五）广播系统

广播系统主要由广播电台和连接到建筑物内外的扬声器组成，用于播放背景音乐和事故广播。

随着技术的发展，建筑自动化系统的内容也会不断丰富，智能建筑的核心是系统集成。因此，建筑设备自动化系统应尽可能将以上各个子系统通过综合布线系统或网络进行联网运行。

BAS 的结构经过多年的发展，组成内容基本不变，即微机、现场控制器、末端设备以及通信网络 4 个部分。但拓扑结构发生了较大变化。目前，BA 系统拓扑结构常为管理层（后台服务器、工作站、打印机、存储设备）、控制层（含 CPU 的控制器）、现场层（传感器、执行器、其他第三方设备）3 层结构。

二、系统的控制方式

（一）DCS 集散控制

在工业控制领域中发明的集散控制系统，20 世纪 80 年代引入了 BAS 中，逐渐成为 BAS 的主流技术，集散系统是“一种多机组成的、逻辑上具有分级管理和控制功能的分级分布式系统，由一个中央站和若干个分站组成”。配有微处理机芯片的直接数字控制器（DDC）分站，可独立完成所有控制工作，具有完善的控制、显示功能和节能管理、时间程序，可连接打印机、安装人机接口等。

DCS 的网络结构是环形或总线型，在这两种结构的网络中，各节点平等，任意两个节点之间的通信可以直接通过网络进行，而不需要其他节点的介入。但同时需要共享传输介质，主要解决方法是以令牌来限定每个节点使用网络的时间，另一种则是采用载波侦听与碰撞检测技术（CSMA/CD）。

现场控制站是完成对过程现场 I/O 处理的直接数字控制器，它对现场发生的过程量作数字采集和存储，并通过网络向上传送，同时本身也完成局部的闭环控制与顺序控制。操作员站的主要功能是为系统运行的操作员提供人机界面，使操作员了解现场运行状态，同时操作员也可对过程进行调节和控制。操作员站的主要设备是彩色 CRT 显示器、键盘、鼠标器或轨迹球。

工程师站则用于对 DCS 进行离线的配置、组态工作和在线的系统监督、控制、维护。

由于 DCS 采用大系统分级递阶控制的思想，将生产过程做水平分解而将功能做垂直分解，生产过程的控制采用全分散的结构，而生产过程的信息则全部集中并存储于数据库中，利用通信网络向上传递。这种控制分散、信息集中的结构使系统的危险分散，提高了可靠性，因而被称为集散控制系统。它使用分布在被控建筑设备现场的 DDC 对设备实行实时监测、控制，可以克服计算机集中控制带来的危险性高度集中和常规仪表控制功能单一的局限性。

集散控制系统中设备分别处于 4 个不同的层次，自上而下一般为管理级、监控级、控制级、现场级。在各个层次中，同一层次的计算机地位是相同的，分别承担整个控制系统相应的任务，而它们之间的协调主要依赖上一层计算机的管理，部分依靠与同层中其他计算机数据通信实现，形成分级分布式控制系统。

（二）FCS 现场总线控制

DCS 虽然称为分布式控制，但它的测控层并没有实现彻底分布，控制依赖于控制站。而现场总线控制（Fieldbus Control System，FCS）系统结构是全分散式的，它将 DCS 中现场信息的 4～20 mA 模拟量信号传输变为全数字双向多站的数字通信，成为全数字化系统，放弃了传统的集散控制系统所必需的输入/输出模块和现场控制站，以现场总线为纽带，把它们连接成可以互相沟通信息，共同完成自控任务的网络系统与控制系统。其结构模式是"工作站一现场总线控制器"二层结构，FCS 用二层结构完成了 DCS 三层结构功能，成本低，能为多种现场智能仪表实现多点连接，支持处于底层的现场智能仪表，利用公共传输介质与上层系统互相交流信息，具备双向数字通信功能，可靠性增强。

由此可见，现场控制总线是连接智能现场设备和自动化系统的数字式、双向传输多分支结构的通信网络，是建筑智能化控制系统真正实现"集中管理"和"分散控制"的重要通信工具。20 世纪 90 年代现场总线出现后，现场控制站已向总线结构发展，其控制功能将进一步分散到现场设备上，而现场控制站的主 CPU 则越来越像一个通信控制器。所以，FCS 是 DCS 应用总线技术，将向更加分散化的方向发展的结果，向多智能体系统演变，而多自主体传感器网络、自组织动态智能网络、无线传感网络、物联网技术成为其支撑技术。

在现场总线控制系统中，有线网络使用 LonWorks 技术和 BACnet 技术较多。无线则以 ZigBee 为主。

1. LonWorks

LonWorks 是目前技术上较为全面的一种总线技术，被誉为通用的控制网络。其网络协议是完全开放的，通信不受通信介质的限制，它所支持的介质是现场总线中最多的，并且多种介质可以在同一网络中混合使用，这使它在楼宇设备控制中具有较好的适应性。

建筑智能化系统的构成可分为上、下两层：上层是信息网（属信息域）；下层是控制网（属控制域）。信息网的基本功能是完成信息的发送、传输和接收，实现文本、声音、图像信息的传递。控制网又称为测控网，主要是作为过程自动化、制造自动化、楼宇自动化等领域现场自动控制设备之间互联的通信和控制网络，最终实现各系统现场的仪表、传感器、执行器、被控设备等的联网通信、测量和控制。控制网强调的是信息传递后的控制和执行，如实现各种基本控制、校正、报警、显示、测量、监控及控管一体化的综合自动化功能。它本质上是一个完成自动控制任务的网络通信系统与控制系统，是自动化与信息技术融合的产物。

LonWorks 的通信除支持传统的主从式外，还支持对等式的通信方式。网络结构不受限制，可以支持自由拓扑。由于网络通信采用了面向对象的设计方法，提出了网络变量的概念，使网络通信的设计简化为参数设置，既节省了大量的设计工作量，也增加了通信可靠性。使用双绞线连接，通信速率为 78 kB/s 时，其直接通信距离可达 2 700 m，非常适合大楼和住宅小区范围内的信号采集和数据传送，且其网络上的节点数可达到 32 000 个。由于 LonWorks 技术具备上述优点，这一技术已在测量及控制的各个领域中广泛采用，也被多个标准化组织所承认，它已被 EIA 定义为家庭控制网络的标准，被 ASHRAE（即美国供暖、空调和制冷工程师协会）采纳作为其 BACnet 标准的组成部分，使之成为楼宇自动化和家庭自动化中公认的技术标准。

2. BACnet

BACnet 是“楼宇自动化和控制网络的数据通信协议”的缩写。数据通信协议是通过计算机网络进行数据交换的一套语法规则。BACnet 特别之处在于它针对了建筑设备的具体需要，例如，如何请求一个温度值，如何定义一个风机运行时间，如何发送设备状态等。

BACnet 产生于 20 世纪 90 年代，2003 年 1 月成为正式的国际标准（ISO 16484 标准）。目前是楼宇自控网络数据通信协议中唯一国际标准。该标准具有以下优点：

① 技术先进、完全开放。

② 专门应用于楼宇自控网络，具有高效的特点。

③ 被很多国际的主要标准组织接收为标准，具有权威性。

④ 不依赖现有的网络技术，具有良好的互联优势。

⑤ 良好的伸缩性和扩展性。

BACnet 确立了不必考虑生产厂家，只要遵循其标准，各种兼容系统在不依赖任何专用芯片组的情况下，相互开放通信的基本原则。BACnet 是一种通信协议标准，因而不受制于任何一家国外企业，厂家可依照该标准开发自己的产品，并可拥有自己的知识产权。

ASHRAE 的 BACnet 委员会提出了一种新的描述自动控制系统功能性的方法，称为“互操作域（Interoperability Areas）”，其中规定了 5 个互操作域，分别是数据共享、报警和事件管理、时序安排、趋势记录、设备与网络管理。目前市场上符合 BACnet 的品牌有 Honeywell、Airtek、Siemen、Johnson、Alerton 等。

3. I-Bus 系统

I-Bus 系统是 ABB 公司开发生产的基于 CAN 的现场总线控制系统，它是在《国际智能建筑标准》下设计完成的，现已被广泛应用于各公共建筑和居民住宅中。I-Bus 系统主要是对建筑的空调、灯光、窗帘、HVAC 设备、办公电器等进行控制，控制方式种类很多，有现场面板控制、分散集中控制、远程控制、定时控制、红外线控制、气象控制、消防联动控制等，多种多样的控制技术被应用到智能建筑控制系统中，使用者操作方便、灵活，系统也便于维护、修改和管理。

智能建筑控制系统的发展经历了多种方式，现在最新的发展趋势是设备具有芯片，支持多种现场总线和开放协议，能独立运行和管理，并通过 Web 浏览器进行访问。物联网公司 Tridium 推出的具有开创性的 Niagara 体系，可以通过软件技术将 LonWorks，BACnet 等多种标准集成到通用对象模型的应用程序环境并嵌入控制器级，支持浏览器界面开放技术，使得管理人员可以随时随地通过 Web 互联网进行控制和管理，也是以下所述网络集成系统的具体应用。

（三）网络集成系统

随着企业网 Intranet 的建立，建筑设备自动化系统逐渐采用 Web 技术，把 BAS 中央站嵌入 Web 服务器，融合 Web 功能，以网页形式的工作模式，使 BAS 与 Intranet 成为一体化系统。企业网的授权客户，可以通过浏览器去监控管理服务建筑的设备，从而使传统独立的控制系统 BAS 成为企业网的一部分，进而和传统独立的管理系统协调一致地工作，实现控制管理一体化。

网络Web化使BAS从客户机/服务器计算模式转变成为浏览器/服务器计算模式，引起 BAS 结构发生改变，第 1 个变化就是传统的 BAS 服务器变成了三层结构，这是嵌入 Web 服务器造成的结果。出这三层是由 Web 服务器层、数据访问层和数据库层组成，其中第 2 层是虚拟层，用于连接各种事务访问实时数据库和相关数据库的数据存取。BAS 结构的第 2 个变化就是 Web 化的 BAS 增加了相关数据库，因为事务管理信息和决策支持信息都是存储在相关数据库中。BAS 系统 Web 化，也促使了“云存储”和“云计算”的发展。在未来，随着 5G、6G 通信速率的剧增，大量历史数据存储设备（如建筑能耗采集服务器）、视频存储设备（如硬盘录像机），将会逐步被网络备份系统——“云存储”所替代。而“云计算”作为最上端的集中和控制平台，能够实现一个区域设备的更“大”的集散控制。目前，为满足现场实时数据处理要求的提高，出现了“边缘计算”。边缘计算是指在靠近物或数据的源头，采用网络、计算、存储、应用核心能力为一体的开放平台，就近提供最近端服务，本质上还是属于云计算的范畴。

三、BAS 中的关键技术

（一）直接数字控制器

直接数字控制（DDC）是以微处理器为基础，不借助模拟仪表而将系统中的传感器或变送器的输出，输入微型计算机中，经微机计算后直接驱动执行器的控制方式（Direct Digital Control，DDC），这种计算机称为直接数字控制器，它安装在被控制设备的附近。各种被控制的变量（温度、湿度、压力等）通过传感器或变送器按一定时间间隔取样的方式读入 DDC，读入的数值与 DDC 记忆的设定值进行比较，当出现偏差时，按照预先设置的控制规律，计算出为消除偏差执行器需要改变的量，来直接调整执行器的动作。DDC 控制器中的 CPU 运行速度很快，它能在很短的时间间隔内，完成一个回路的控制。因此，它可分时控制多个回路，使 1 个 DDC 控制器可代替多个控制仪表。DDC 型号规格不同，其输入/输出总点数不同，可以完成不同规格的建筑电气设备的控制。

使用现场直接数字控制器实行控制，就不需要常规仪表的中间环节（如调节器等），可以由计算机通过控制信号线输出指令，直接控制现场执行机构（如调节阀等）。DDC 具有可靠性高、控制功能强、可编写程序及局部数据处理等功能，既能独立监控有关设备，又可联网并通过中央/上位管理计算机接受统一监控与优化管理，减少了中央/上位管理计算机的工作。

多数 DDC 应具备下列基本功能：能随时得到现场的测量值；能随时显示、修改各种预设控制参数值；能根据温度、湿度、压力、压差等参数的控制要求和现场测量数据，自动输出控制指令，无须人工干预；具有自诊断及现场诊断功能，发生故障时，能够自动报警或显示等；可自动校正长期运行中放大的漂移等引起的测量误差；具有数据掉电保护与自启动功能；可对机组进行手动与自动切换；具有通信功能，如设有常规的 RS-485 或 CANBUS 等现场总线的通信接口，既可单机自动运行，又可与中央管理计算机组成集散型控制系统；还具有一定抗电磁干扰性能。

（二）自动控制算法

在集成化系统的控制网里，末端运行着各式各样的检测、控制设备，无论是具有现场总线功能的智能化单元，如智能水表、智能调节阀，还是系统的核心控制单元直接数字控制器（DDC）或 PLC，为了达到自动控制的目的，这些设备中所运行的软件程序必须包含一个重要功能模块，即自动控制算法实现模块。

PID 算法是最基本也是工程中使用最多的，是一种线性控制；模糊算法则是利用计算机来实验人的控制经验，属于非线性控制。为适应智能建筑的集成要求，两者又结合形成混合控制。

（三）网络控制器

可把楼宇自控系统看作三级控制方式：中央操作站、网络控制器和现场控制。网络控制器是 BAS 通信网络的重要装置。它一方面通过以太网与操作站及其他网络控制器联系；另一方面通过现场总线网络与分布在大厦各处的直接数字控制器通信。在网络控制器中存放着整个系统所有的信息，网络控制器具有多种控制功能，如各种机电设备的运行时间统计、事件统计、电力负荷削峰限载计算、联动控制、机组群控等复杂的高性能控制功能，对整个 BAS 进行监控。同时，网络控制器又是将各个分系统接入 BAS 进行设施集成的重要接口。

（四）组态软件

组态软件是系统操作和管理工程师与 DDC 之间的可视化的界面（联系渠道）。“组态”（Configure）的含义是“配量”“设置”，是指用户通过类似搭积木的简单方式来完成自己所需要的软件功能，而不必编写计算机程序。从其功能划分来看，大致可分为人机界面（MMI）组态和 DDC 组态。目前，一般商用组态软件其大部分功能是针对通用性较强的人机界面组态。组态软件负责将通过图形组态（可视化图形编程）生成的 DDC 控制策略转换为 DDC 能理解并执行的实时 C 语言，经过编译以后，通过一定的传输协议，传送给 DDC，允许用户为实现监控制定以及修改监控界面；并负责接收 DDC 发出的报警信息及进行必要的处理，并通知有关各方，该报警信息由操作工程师确认后，发出必要的联动控制信息。在无人值守时，也可根据相关算法预置的程序自动进行。

（五）控制网络与数据传输协议

数据传输协议是楼宇自动化系统实现开放性、互操作性及标准化的关键，因为单个设备的内部信息不需要公开，只有该项设备与其他设备进行联系与通信时，才需要制订并符合一些标准，否则将会无共同语言，该项设备将不能构成控制网络的一部分。在这方面，业界已有很多的论述，但至今还没有找到公认的协议标准，而协议标准与控制网络又是联系在一起的，从目前楼宇自动化系统的现状来看，主流协议大致有 BACnet 协议、LonTalk 协议和工业以太网协议。

LonTalk 是美国 Echelon 公司制定的控制网络协议标准，并获得美国国家标准协会通过，成为美国国家标准，编号为 ANSI/EIA 709.1A。该网络协议针对一般性的控制网络，并非只针对楼宇自控，具有一定的普遍性。该公司同时推出了实现该协议的一系列手段、方法和措施。从硬件方面的 Neuron Chip 芯片、各种收发器、网络适配器、LonWorks 开发装置、软件方面的 Neuron C 语言、网络操作系统，一直到 LonWorks 网络的全面实现，提供了完整的基础。因此，在该协议的基础上开发楼宇自控系统相对容易一些，但由于核心技术必须依赖于 Echelon 公司，各生产厂商也会受到一定的制约。

以太网（IEEE 802.3 Ethernet）协议在信息传输领域已是公认的最佳协议，由于是完全公开的、完全透明的协议，世界上越来越多的厂商已经开发了大量的价廉物美的以太网协议的接口芯片。这些芯片不仅仅能处理以太网底层协议，而且提供了大量上层的 TCP/IP 协议软件包。就目前几种主流开放式协议标准的关系而言，LonTalk，BACnet 和 TCP/IP 的主要关系是互补。这是因为它们的侧重、目标和实现方法上有极大的不同：TCP/IP 是信息网（信息域）的协议；BACnet 是由 ASHRAE 综合了几种局域网 LAN 的协议而制定的，它也是信息网（信息域）的协议；只有 LonTalk 是控制网（控制域）

的协议。它们之间的关系主要是互补，很多国家标准和国际大公司产品中提倡的多层结构为：由 BACnet 或 TCP/IP 构成上层，用 LonTalk 构成下层，形成一种优势互补的组合模式。

（六）XML 语言

建筑内部各自动化系统之间及建筑之间的信息流通的频率和速度正以几何级数增长。但自动化系统的异构性阻碍了这种信息流通的顺利进行，例如，BAS 中的能源管理系统（EMS）可能由不同厂家提供，应用程序常常运行于不同的平台，其相应的数据格式也是私有的非标准格式，因此，不同系统之间的数据交互相当困难。于是，可扩展标记语言（Extensible Markup Language，XML）应运而生，它作为一种数据交换的标准格式，可极大增强不同系统间的交互能力。

XML 是万维网联盟（World Wide Web Consortium，W3C）制定的用于描述数据文档中数据的组织和安排结构的语言。它定义了利用简单、易懂的标签对数据进行标记所采用的一般语法，提供了计算机文档的一种标准格式。XML 文档中包含的数据是文本字符串，描述这些数据的文本标签围绕在周围。数据和标签有一个特别的单位称为元素（element)。XML 是一种文本文档的元标记语言（meta-markup language)，因此，在 XML 中，可以自由定义标签，充分表达文档的内容。XML 的优点体现在以下 3 个方面：

1. 异构系统间的信息互通

目前，不同的企业之间甚至企业内部的各个部门之间，存在着许多不同的系统。系统间往往因其大相径庭的平台、数据库软件等，造成信息流通的困难。XML 的出现，使异构系统间可以方便地借助 XML 作为交流媒介。各种类型的信息，不论是文本的还是二进制的，都能用 XML 标注。

2. 数据内容与显示处理分离

XML 强调数据本身的描述和数据内容的组织存放结构，因此，可被不同的使用者按照自身的需要从中提取相关数据，用于不同的目的。XML 文档是文本，任何能读文本文件的工具都能读 XML 文档。因此，用 XML 描述的数据可以长期保存而不必担心无法识别。

3. 自定义性和可扩展性

由于 XML 是一种元标记语言，因此没有能够适用于所有领域中所有用户的、固定的标签和元素，但它允许开发者和编写者根据需要定义元素。XML 中的 X 代表 Extensible（可扩展），即可以对 XML 进行扩展以满足各种不同的需要。通过扩展，XML 文档描述的数据信息不仅清晰可读，而且对数据的搜索与定位更为精确。

第二节　建筑设备运行监控系统

智能化建筑涉及的建筑设备种类繁多，但基本上还是由供配电与照明系统、暖通空调系统和给排水系统等设备组成。

一、供配电系统的监控

电气自动化检测监控功能在供配电系统中能够对系统各项参数进行实时监控。同时通过监控数据与相关数据的对比分析，能够及时发现系统运行中存在的故障问题，并发挥报警信息，以确保故障问题得到及时处理。此外，还可以将系统的运行数据进行存储与分析，作为故障信息识别及处理的可靠依据。

（一）供配电基础知识

1. 电力网

输、配电线路和变电所等连接发电厂和用户的中间环节是电力系统的一部分，称为电力网。电力网常分为输电网和配电网两大部分。由 35 kV 及其以上的输电线路和与其相连接的变电所组成的网络称为输电网。输电网的作用是将电力输送到各个地区或直接送给大型用户。35 kV 以下的直接供给的线路，称为配电网或配电线路。用户电压等级如果是 380/220 V，则称为低压配电线路。将电压降为 380/220 V 的用户变压器称为用户配电变压器。如果用户是高压电气设备，这时的供电线路称为高压配电线路。连接用户配电变压器及其前级变电所的线路也称为高压配电线路。

2. 电压等级

电力网的电压等级较多，不同电压等级有不同的作用。从输电的角度看，电压越高越好，但要求绝缘水平也越高，因而造价也越高。目前，我国电力网的电压等级主要有：0.22 kV，0.38 kV，6 kV，10 kV，35 kV，110 kV，220 kV，500 kV 等，现在我国最高交流电压为 1 000 kV。

3. 用电负荷等级

在电力网上，用电设备所消耗的功率称为用户的用电负荷或电力负荷。用户供电的可靠性程度用负荷等级来区分它是由用电负荷的性质来确定的。用电负荷等级划分为三类：一级负荷、二级负荷、三级负荷。

一级负荷：中断供电造成人员伤亡者、重大政治影响者、重大经济损失者或公共场所的秩序严重混乱者。

二级负荷：中断供电造成较大政治影响者、较大经济损失者或公共场所的秩序混乱者。

三级负荷：不属一、二级负荷者。

在建筑用设备中，属于一级负荷的设备有消防控制室、消防水泵、消防电梯、防排烟设施、火灾自动报警、自动灭火装置、火灾事故照明、疏散指示标志和电动防火门窗、卷帘、阀门等消防用电设备、保安设备、主要业务用的计算机及外设、管理用的计算机及外设、通信设备、重要场所的应急照明。属于二级负荷的设备有客梯、生活供水泵房。空调、照明等属于三级负荷。

4. 供电系统

电力的输送与分配，由母线、开关、配电线路、变压器等组成一定的供电电路，这个电路就是供电的一次线路，即主接线。智能建筑由于功能上需要，一般都采用双电源供电，即要求有 2 个独立电源。

（二）供配电系统的监测控制功能及内容

1. 监控功能

《建筑设备监控系统工程技术规范》对供配电监控系统的监控功能做了规定。

（1）监控系统对高压配电柜的监测功能应符合下列规定：

① 应能监测进线回路的电流、电压、频率、有功功率、无功功率、功率因数和耗电量。

② 应能监测馈线回路的电流，电压和耗电量。

③ 应能监测进线断路器、馈线断路器、母联断路器的分、合闸状态。

④ 应能监测进线断路器、馈线断路器和母联断路器的故障及跳闸报警状态。

（2）监控系统对低压配电柜的监测功能应符合下列规定：

① 应能监测进线回路的电流、电压、频率，有功功率、无功功率、功率因数和耗电量，并宜能监测进线回路的谐波含量。

② 应能监测出线回路的电流、电压和耗电量。

③ 应能监测进线开关、重要配出开关、母联开关的分、合闸状态。

④ 应能监测进线开关、重要配出开关和母联开关的故障及跳闸报警状态。

（3）监控系统对干式变压器的监测功能应符合下列规定：

① 应能监测干式变压器的运行状态和运行时间累计。

② 应能监测干式变压器超温报警和冷却风机故障报警状态。

（4）监控系统对应急电源及装置的监测功能应符合下列规定：

① 应能监测柴油发电机组工作状态及故障报警和日用油箱油位。

② 应能监测不间断电源装置（UPS）及应急电源装置（EPS）进出开关的分、合闸状态和蓄电池组电压。

③ 应能监测应急供电电流、电压及频率。

2. 电力供应监控装置

它根据检测到的现场信号或上级计算机发出的控制命令产生开关量输出信号，通过接口单元驱动某个断路器或开关设备的操作机构来实现供配电回路的接通或断开。实现上述控制通常包括以下几方面的内容：

（1）高、低压断路器、开关设备按顺序自动接通/分断。

（2）高、低压母线联络断路器按需要自动接通/分断。

（3）备用柴油发电机组及其配电柜开关设备按顺序自动合闸转换为正常供配电方式。

（4）大型动力设备定时启动、停止及顺序控制。

（5）蓄电池设备按需要自动投入及切断。

3. 电力设备管理

供配电系统除了实现上述保证安全、正常供配电的控制外，还能根据监控装置中计算机软件设定的功能，以节约电能为目标对系统中的电力设备进行管理，主要包括变压器运行台数的控制、用电负荷的监控、功率因数补偿控制及停电到恢复送电的节能控制等。

4. 供配电系统监控的关键技术

（1）采样技术。自控系统的关键环节就是数据采集。根据采样信号，采集过程分为直流采样和交流采样。直流采样的对象为直流信号。它把交流电压、电流信号经过各种变送器转化为0～5 V的直流电压，再由各种装置和仪表采集。其实现方法简单，只需对采样值做一次比例变换即可得到被测量的数值。但直流采样无法采集实时信号，变送器的精度和稳定性对测量精度影响很大，设备复杂且维护困难。交流采样是将二次测得的电压、电流经高精度的电流互感器（CT）、电压互感器（PT），把大电流高电压变成计算机可测量的交流小信号，然后再由计算机进行处理。这种方法能够对被测量的瞬时值进行采样，实时性好，相位失真小，通过算法运算后获得的电压、电流、有功功率、功率因数等电子参数有着较好的精确度和稳定性，成本也较低。目前，通常采用8031单片机实现电力参数的交流采样。通过LED显示器显示频率、电压、电流的实时值，在过电压 30%、欠电压 30%时进行声光报警，并能定时打印电压、电流及频率值。

（2）双 CPU 技术。监控系统的主要功能分为监测控制和保护控制两个方面。用双 CPU 处理单元，一个用于信号监测控制，被称为监控 CPU；另一个用于保护控制，称为保护 CPU。这样可以将系统保护、控制、测量、通信等功能合理地分配到 2 个 CPU 芯片并行处理，防止系统满负荷工作，既有利于提高系统处理问题的速度和能力，还可以提高系统的稳定性。虽然 2 个 CPU 都和输入、输出信号连接在一起，但是它们所负责的功能不同。在正常情况下，监控 CPU 主要担负对外界信号的测量及通信任务，并按一定时间与保护 CPU 交换信息，以便监测保护 CPU 的工作状态是否正常。而保护 CPU 除了监测监控 CPU 是否正常工作外，其主要任务是在被控制设备发生故障时，能准确无误地对设备进行保护。只有当其中的一个 CPU 被监测到有错误后，另一个 CPU 才会立即替换其工作；同时，通过通信接口向远控主机发信号报警，完成对整个系统的监控与保护任务。

二、主动配电网

进入 21 世纪后，分布式电源（Distributed Generation，DG）得到了长足的发展，未来 DG 分布式储能将广泛而高密度地接入电网，并在未来节能减排中扮演越来越重要的角色，配电网也会变得越来越复杂。DG 的高渗透率接入，在不断满足电网能量需求的同时，也使新的市场、新的服务、新的交易机制得到了尝试和发展，其对电网和环境带来的效益也越来越受到关注。在智能配电网和主动配电网的框架下，新的配电模式正在逐渐形成。

智能电网是指一个完全自动化的供电网络，其中的每一个用户和节点都得到了实时监控，并保证了从发电厂到用户端电器之间的每一点上的电流和信息的双向流动。通过广泛应用的分布式智能和宽带通信及自动控制系统的集成，可以保证市场交易实时进行和电网上各成员之间无缝连接及实时互动。由于目前在“发、输、配、用”电这一链条中，同发电和输电环节相比，配电、用电以及电力公司和终端用户的合作等环节上相对薄弱，影响了系统的整体性能和效率，因此 SDG 成为了目前智能电网的研究重点。DG、储能系统、电动汽车及智能终端的大量接入，使配电网具备了一定的主动调节、优化负荷的能力，具有主动管理能力的配电网称为主动配电网（Active Distribution Network，ADN）。ADN 通过引入 DG 及其他可控资源，辅助以灵活有效的协调控制技术和管理手段。实现配电网对可再生能源的高度兼容和对已有资产的高效利用，并且可以延缓配电网的升级投资、提高用户的用电质量和供电可靠性。

根据国际大电网会议（CRIGE）配电与分布式发电专委会 C6.11 项目组的工作报告，ADN 可定义为：可以综合控制分布式能源的配电网，可以使用灵活的网络技术实现潮流的有效管理，分布式能源在其合理的监管环境和接入准则基础上承担系统一定的支撑作用。

首先，利用高级量测体系和先进的通信技术实现实时运行数据的准确可靠收集，通过负荷和发电预测以及状态估计等功能准确感知系统当前的运行状态。然后，利用系统的可控资源和分布式能源进行优化，并通过市场价格的制订（能源交易的管理等）方式激励电力用户响应配电网运营商的调度计划，在满足各种运行约束的前提下，实现配电网的最优运行。ADN 的作用就是变被动控制方式为主动控制方式，依靠主动式的电网管理对这些资源进行整合。因此，现代配电网已不再等同于仅仅将电力能源从输电系统配送到中低压终端用户的传统配电网，而是一个主动配电系统（Active Distribution System，ADS）。

为了更好地理解 ADN 的含义，这里将其和微网进行比较：

（一）从设计理念上

微网是一种自下而上的方法，能集中解决网络正常时的并网运行以及当网络发生扰动时的孤岛运行，而 ADN 采用自上而下的设计理念，从整体角度实现系统的优化运行。

（二）从运行模式上

微网是一个自治系统，可以与外部电网并网运行，也可以孤岛运行，而ADN是由电力企业管理的公共配电网，常态方式下不孤岛运行。

（三）从系统规模上

微网是实现DG与本地电网耦合较为合理的技术方案，但其规模和应用范围往往受限，而ADN旨在解决电网兼容及应用大规模间歇式可再生能源，是一种可以兼容微网及其他新能源集成技术的开放体系结构。

（四）从资源利用上

微网强调的是能量的平衡，满足能量上的自给自足和自治运行，而ADN更强调信息价值的利用，通过高级量测系统和先进的通信技术达到全网资源的协调优化。

三、照明监控系统

在现代建筑中，照明系统成为仅次于空调系统的耗电大户，我国照明系统所消耗的电能约占建筑内电力总消耗量的1/6，建筑物性质不同，照明用电量所占比例也不同。如何做到既保证照明质量又节约能源，是照明控制的重要内容。因此，需要对照明供电系统进行合理设计与节能控制，以达到节省能源，提供高效、舒适、安全可靠的照明环境及高水平管理的目的。

智能建筑是多功能的建筑，不同用途的区域，如室内走廊、楼梯间、大堂、室外的庭院、环境灯饰、休息区等，对照明存在不同的要求。因此，应根据不同区域的特点，对照明设施进行不同的控制。在系统中应包含一个智能分站，对整个建筑的照明设备进行集中的管理控制。这个智能分站就是照明监控系统，它包括了建筑物各层的照明配电箱、事故照明配电箱以及动力配电箱。

《建筑设备监控系统工程技术规范》对照明监控系统的监控功能做了如下规定：

（1）监控系统对照明的监测功能应符合下列规定：

① 应能监测室内公共照明不同楼层和区域的照明回路开关状态。

② 应能监测室外庭院照明、景观照明、立面照明等不同照明回路的开关状态。

③ 宜能监测室外的区域温度。

（2）监控系统对照明的远程控制功能应能实现主要回路的开关控制。

（3）监控系统对照明的自动启停功能应能按照预先设定的时间表控制相应回路的开关。

（4）监控系统对照明的自动调节功能宜包括下列内容：

① 设定场景模式。

② 修改服务区域的照度设定值。

③ 启停各照明回路的开关或调节相应灯具的调光器。

实际工程应用中，照明监控系统的功能已远远超过了以上规范规定。按照照明监控功能，可将照明系统分为几个部分：公共区域照明（门厅、走廊、楼梯等）系统监控、工作与办公室照明监控、障碍照明与建筑立面景观照明监控、应急照明的应急启/停控制以及状态显示。

照明监控系统的任务主要有两个方面：一是为了保证建筑物内各区域的照度及视觉环境而对灯光进行控制，称为环境照度控制，通常采用定时控制、合成照明控制等方法来实现；二是以节能为目的对照明设备进行的控制，简称照明节能控制，有区域控制、定时控制、室内检测控制 3 种控制方式。

照明区域控制系统的核心是 DDC 分站，一个 DDC 分站所控制的规模可能是楼层的照明或是整座建筑的装饰照明，区域既可按地域划分，也可按功能划分。作为 BAS 的子系统，照明监控系统除了对各照明区域的照明配电柜（箱）中的开关设备进行控制，还要与上位计算机进行通信，接受其管理控制。因此，它是典型的计算机监控系统。

四、暖通空调监控系统

空调系统是为了营造室内温度适宜、湿度恰当和空气洁净的良好的工作与生活环境。在智能楼宇中，一般采用集中式空调系统，通常称为中央空调系统。中央空调系统主要由空气处理系统、冷源系统（冷冻站）、热源系统组成。对空气的冷热处理集中在专用的机房里，按照所处理空气的来源，集中式空调系统可分为封闭式系统、直流式系统和混合式系统。封闭式系统的新风量为零，全部使用回风，其冷、热消耗量最少，但空气品质差。直流式系统的回风量为零，全部采用新风，其冷、热消耗量最大，但空气品质好。由于封闭式系统和直流式系统的上述特点，二者都只在特定情况下使用。绝大多数场合采用适当比例的新风和回风相混合，这种混合系统既能满足空气品质要求，经济上又比较合理，因此应用最广。

五、给排水监控系统

给排水系统是任何现代建筑必不可少的重要组成部分，一般建筑的给排水系统包括生活给水系统、生活排水系统和消防水系统，这几个系统都是楼宇自动化系统重要的监控对象。由于消防水系统与火灾自动报警系统、消防自动灭火系统关系密切，国家技术规范规定消防给水应由消防系统统 管理，因此，消防给水系统由消防联动控制系统进行控制。在智能建筑中，除了冷水供应系统以外，还有生活热水供应系统。这里主要讨论生活给水排水以及热水系统的监控。

（一）给水系统

现代建筑中常见的生活给水系统有市政管网直接给水方式、高位水箱给水方式、水泵直接给水方式、气压罐给水方式、无负压给水方式，以及上述几种给水方式的组合。

现代智能建筑的高度一般都较高，在高层建筑中，一般城市供水管网的供水压力不能满足用水要求，除了低区部分楼层可由城市管网供水以外，其余高层均需提升水压供水。由于供水的高度增大，如果采用统一供水系统，显然下部楼层的水压将过大，过高的水压对使用材料设备、维修管理均不利，为此必须进行合理竖向分区供水。目前，国内高层建筑一般每 8～10 层分为一个供水区。智能建筑中常见的系统有以下 3 种方式：高位水箱给水方式、气压罐压力给水方式、水泵直接给水方式。

1. 高位水箱给水方式及其系统的监控

高位水箱一般设置 4 个液位开关，分别为溢流报警水位、停泵水位、启泵水位和低限报警水位。DDC 根据液位开关送入信号来控制生活给水泵的启停。当高位水箱液面低于启泵水位时，DDC 送出信号自动启动生活水泵运行，向高位水箱供水。当高位水箱液面高于启泵水位而达到停泵水位时，DDC 送出信号自动停止生活水泵。如果高位水箱液面达到停泵水位而生活水泵不停止供水，液面继续上升达到溢流报警水位，控制器发出声光报警信号，提醒工作人员及时处理。同样，当高位水箱液面低于启泵水位时，水泵没有及时启动，而用户继续用水，当水位达到低限报警水位时，控制器发出报警信号，提醒工作人员及时处理。当工作泵发生故障时，备用泵能自动投入运行。

在由多台水泵组成的系统中，多台水泵互为备用。当其中一台水泵损坏时，备用水泵能投入使用，以保证系统正常工作。为了延长各水泵的使用寿命，通常要求水泵累计运行时间数尽可能均衡。因此，每次启动水泵时，应优先启动累计运行时间数最少的水泵，控制系统应有自动记录设备运行时间的功能。控制中心能实现对现场设备的远程控制，监控系统能够在控制中心实现对现场设备的远程开/关控制。

对于位于低层（一般在地下室最底层）的低位生活消防水池，也应设置水池溢流水位、停泵水位、启泵水位和低限报警水位 4 个液位开关，通过供水泵或供水阀门控制水池水位在预定范围。当水位达到报警位置时，控制器发出报警信号，提醒值班人员及时处理。

总的来说，给水系统的监控功能包括：地下储水池水位、楼层水池、屋顶水箱水位的检测及当高/低水位超限和水泵故障时的报警，并根据水池（箱）的高/低水位控制水泵的启/停。当检测到生活给水泵的工作状态异常或出现故障时，将备用水泵投入工作。

高压水箱给水系统用水是由水箱直接供应，供水压力比较稳定，且有水箱蓄水，供水较为安全。但水箱重量大，增加了建筑物的负荷，且占用楼层的建筑面积。

2. 气压罐压力给水方式

考虑到重力给水系统的种种缺点，可考虑气压罐压力给水方式。水泵—气压水箱（罐）给水系统是以气压水箱（罐）代替高位水箱，而气压水箱可以集中于地下室水泵房内，从而避免在楼中设置水箱的缺点。目前大多采样密封式弹性隔膜气压水箱（罐），可以不用空气压缩机补气，既可节省电能又可防止空气污染水质，有利于优质供水。

3. 水泵直接给水方式

无论是高位水箱，还是气压水箱，均为设有水箱装置的系统。设有水箱的优点是预储一定水量，供水直接可靠，尤其对消防系统是必要的，但存在前述很多缺点。无水箱的水泵直接供水系统可以采用自动控制的多台水泵并联运行，根据水量的变化，启/停不同水泵来满足用水要求，以利节能，如采用计算机控制则更为理想。水泵直接供水，较节能的方法是采样调整水泵供水系统，即根据水泵的出水量与转速成正比的关系的特性，调整水泵的转速而满足用水量的变化。

（二）排水系统

排水系统主要是解决高层建筑地下室的排水问题，设备主要有：排水泵、污水泵、集水坑和污水坑等。为便于污废水的综合利用，智能建筑中的排水系统一般为分流制，生活废水和污水各自收集排放。

排水监控系统的功能包括：污水坑和集水坑水位检测及超限报警；根据

污水坑与集水坑的水位，启动相应的水泵，直到水位降至低限时；在水泵运行时，对其运行状态进行检测，出现异常或发生故障时报警、停泵。

（三）热水系统

热水系统的监控功能是：热水泵按时间程序启/停；热水循环泵状态检测及故障报警（当发生故障时，相应备用泵自动投入运行）；热水器与热水循环联锁控制，当循环泵启动后，热水器（炉）才能加热，控制热水温度；热水供水温度和回水温度的检测；对于热水部分，当热水箱水位降至低限时，连锁开启热水器冷水进口阀，以补充系统水源；当热水水位到达高限时，连锁关闭冷水进水阀。

第三节　火灾自动报警联动控制系统

智能防火系统是以火灾为监控对象，根据防灾要求和特点而设计、构成和工作的，是一种及时发现和通报火情，并采取有效措施控制扑灭火灾而设置在建筑物中或其他对象与场所的自动消防设施。它是智能建筑不可缺少的一种安全自救系统。

一、火灾的形成与探测方法

（一）普通物质的起火过程及其特征

普通可燃物质的起火过程：首先产生燃烧气体和烟雾，在氧气供应充分的条件下逐渐完全燃烧，产生火焰并发出可见光与不可见光，同时释放出大量的热，使环境温度升高，最终酿成火灾。从开始燃烧到火灾形成的过程中，各阶段具有以下特征：

1. 初起和阴燃阶段

此阶段时间较长，能产生烟雾气溶胶，在未能控制情况下，大量的烟雾气溶胶会逐步充满室内环境，但温度不高，火势尚未蔓延发展。若在此阶段能将火灾信息——烟浓度探测出来，就可以将火灾损失控制在最低限度。

2. 火焰燃烧阶段

经过阴燃阶段可燃物蓄积的热量使环境温度升高，在可燃物着火点出现明火，火焰扩散后火势开始蔓延，环境温度继续升高，燃烧不断扩大，形成火灾。若此阶段能将火灾引起的明显的温度变化探测出来，也能较及时地控制火灾。

3. 全燃阶段

物质燃烧会产生各种波长的光，热辐射中含有大量的红外线和紫外线，感光探测能够探测出火灾的发生。但如果经过了较长时间的阴燃，大量的烟雾就会影响感光探测的效果；油品、液化气等物质起火时，起火速度快并且迅速达到全燃阶段，形成很少有烟雾遮蔽的明火火灾，感光探测结果则及时有效。

当可燃物是可燃气体或易燃液体蒸汽时，起火燃烧过程不同于普通可燃物，会在可燃气体或蒸汽的爆炸浓度范围内引起轰燃或爆炸。这时，火灾探测以可燃气体或其蒸汽浓度为探测对象。

（二）火灾的探测方法

火灾的探测，是以物质燃烧过程中的各种现象为依据，以实现早期发现火灾的目的。根据物质燃烧从阴燃到全燃过程各阶段所产生的不同火灾现象与特征，形成了不同的火灾探测方法：

1. 火焰（光）探测法

根据物质燃烧所产生的火焰光辐射，其中主要是红外辐射和紫外辐射的大小，通过光敏元件与电子线路来探测火灾现象。

2. 热（温度）探测法

根据物质燃烧释放的热量所引起的环境温度升高或其变化率大小，通过热敏元件与电子线路来探测火灾现象。

3. 空气离化探测法

利用放射性同位素释放的α射线将空气电离，使腔室（电离室）内空气具有一定的导电性；当烟雾气溶胶进入室内，烟粒子将吸附其中的带电离子，产生离子电流变化。此电流变化与烟浓度有直接的关系，并可用电子线路加以检测，从而获得与烟浓度有直接关系的电信号，用于火灾确认和报警。

4. 光电感烟探测法

根据光的散射定律，在通气暗箱内用发光元件产生一定波长的探测光，当烟雾气溶胶进入暗箱时，其中粒径大于探测光波长的着色烟粒子产生散射光，通过与发光元件成一定夹角的光电接受元件接收到的散射光的强度，可以得到与烟浓度成正比的电流信号或电压信号，用于判定火灾。

5. 复合火灾探测法

复合火灾探测法是指利用可以同时响应两种以上火灾参数的火灾探测器进行探测。目前主要有感光感烟火灾探测器、感光感温火灾探测器、感温感烟火灾探测器等。

6. 其他火灾探测法

除了上述几种探测法外，还可以通过探测漏电流大小或者探测静电点位高低进行火灾探测，还可以利用超声波原理进行超声波火灾探测。

根据不同的火灾探测方法制成的火灾探测器，按其探测的火灾参数可分为感烟式火灾探测器、感温式火灾探测器、感光式火灾探测器和可燃气体探测器，以及烟温、温光、烟温光等复合式火灾探测器。从前述的火灾逐步蔓延、发展的各阶段特点来看，感烟、感温、感光三种探测器有各自的特点：

（1）感烟型通常能够最早感受火灾参数、报警及时、火灾造成的损失小，但易受非火灾型烟雾、气尘的干扰，误报率较高。

（2）感温探测器的温度阈值一般较高，不易受到干扰，可靠性高，但反应较迟钝，容易造成较大损失。

（3）感光探测器针对一些特殊材料的火灾，如具有易燃易爆性质的材料，其起烟微弱而火焰上升快，非常有效。

探测器把感受到的火灾参数转变成电信号，通过信号线传输到控制器。根据探测器送来的电信号的情况，控制器作出相应的反应。当控制器识别出火灾信息，发出规定声响警报和灯光警报，并指示出报警地址后，火灾的探测与报警功能完成，然后控制联动装置动作，自动喷水、启动消防泵等，尽可能地控制火灾的发生与发展，将火灾的损失降到最低限度。

由于智能建筑非常强调自救能力，选用火灾探测器就必须根据火灾区域内可能发生的火灾初期的形成和发展特点、房间高度、环境条件和可能引起误报的因素等综合确定。从当前智能建筑的工程实践来看，为了使探测既灵活又可靠，智能建筑最适合使用复合型探测器。

二、火灾的自动报警与联动控制

智能化建筑逐步具有规模化、高层化的特征，为之适配的电子设备也更为丰富，在设备运行期间产生大量的热源，加之现场温度等环境因子的影响，容易诱发火灾事故，严重影响智能建筑的正常使用。一个完整的消防系统应该包含水系统、防排烟系统、电系统等，其中包含了喷淋设备、消防栓设备、防排烟设备、火灾报警设备等。其中，火灾报警系统能够对火灾情况进行探测，以及喷淋设备、消火栓设备进行联动。

可见，适配自动化火灾报警系统至关重要，具体需拆分为若干个子系统，包含但不限于监测系统、报警系统、灭火系统，根据各子系统的运行需求配套自动化设备，彼此间联合应用，共同参与到智能建筑的安全防护工作中。在配套设备时要考虑其运行稳定性特征，即在火灾发生后依然可维持正常运行的状态。在构筑火灾安全防护屏障后可以增强建筑的安全性，若建筑使用过程中存在火灾危险因素，系统将及时感应并作出警示，视实际情况采取相应的处理措施，从源头上规避火灾事故，为建筑内部人员提供安全保障，并避免建筑内部各类设施因火灾而受损的情况。

为了加强自救能力，智能建筑和智能小区一般会设置一个消防控制中心。在这个中心里，安装火灾自动报警系统，设立专职人员 24 h 值班，对火情进行集中监控。火灾自动报警系统由火灾探测器、信号线路、火灾报警控制器（台）三大部分组成。

（一）火警信号传输线路

探测器的信号传输线路是独立的，不得与GCS集成。应采用不低于250 V的铜芯绝缘导线。导线的允许载流量不应小于线路的负荷工作电流，其电压损失一般不应超过探测器额定工作电压的 5%；当线路穿管敷设时，导线截面不得小于 1.0 mm^2；在线槽内敷设时，导线截面不小于 0.75 mm^2。连接探测器的信号线多采用双绞线，一般正极线“+”为红色，负极线“–”为蓝色。

敷设室内传输线路应采用金属管、硬质塑料管、半硬质塑料套管或敷设在密封线槽内。对建筑内不同系统的各种类别强电及弱电线路，不应穿在同一套管或线槽内。火灾自动报警系统横向线路应采用穿管敷设，对不同防火分区的线路不要同一管内敷设。在同一工程中，同类型的绝缘导线颜色应相同，其接线端子应标号。

（二）火灾报警控制器

1. 火灾报警控制器的类型

按其用途不同，可分为区域火灾报警控制器、集中火灾报警控制器和通用火灾报警控制器 3 种基本类型。

（1）区域火灾报警控制器。直接连接火灾探测器，处理各种报警信号。

（2）集中火灾报警控制器。一般不与火灾探测器相连，而与区域火灾报警控制器相连，处理区域级火灾报警控制器送来信号，常使用在较大型系统中。

（3）通用火灾报警控制器。兼有区域、集中二级火灾报警控制器的双重特点。通过设置或修改某些参数（可以是硬件或者是软件方面）既可作为区域级使用，连接探测器，又可作为集中级使用，连接区域火灾报警控制器。

近年来，随着火灾探测报警技术的发展和模拟量、总线制、智能化火灾探测报警系统的逐渐应用，在智能建筑领域，火灾报警控制器已不再分为区域、集中和通用 3 种类型，统称为火灾报警控制器。

2. 火灾报警控制器的功能

火灾探测器通过信号传输线路把火灾产生地点的信号发送给火灾报警控制器，火灾报警控制器将接收到的火灾信号以声、光的形式发出报警，显示火灾信号的位置，向消防联动控制设备发出指令，对火灾进行扑救，阻止火势蔓延，为疏散人群创造条件。火灾报警控制器的组成主要包括电源和主机两部分。火灾控制器各部分的基本功能如下：电源部分：火灾控制器的电源应由主电源和备用电源互补两部分组成。主电源为 220 V 交流市电，备用电源一般选用可充放电反复使用的各种蓄电池。电源部分的功能如下：

（1）主电、备电自动切换。

（2）备用电源自动充电功能。

（3）电源故障监测功能。

（4）电源工作状态指示功能。

（5）为探测器回路供电功能。

主机部分：主机部分常态监控探测器回路变化情况，遇到报警信号时，执行相应的动作，其功能如下：

（1）接收显示各种报警信息，并对现场环境信号进行数据及曲线分析，确定火灾信息。

（2）总线故障报警功能，随时监测总线工作状态，保证系统可靠工作。

（3）可对系统内探测器进行开启、关闭及报警趋势状态检查操作，根据现场情况对探测器灵敏度进行调节，并进行漂移补偿。

（4）交、直流两用供电。交流掉电时，直流供电系统能自动导入，保证控制器连续运行。

（5）报警控制器可自动记录报警类别、报警时间及报警地址号，便于查核。报警控制器配有时钟及打印机，记录拷贝方便。

（6）可通过专用接口，实现远程联网通信。

（7）可显示各类图形，使确定火灾地点更直观。

（8）可通过总线接口，与楼宇自动控制系统集成联网。

（9）联动控制功能。

火灾报警控制器多设有联动装置，也称为火灾自动报警与联控系统。联动装置与消火栓系统、自动灭火系统的控制装置、防烟排烟系统的控制装置、防火门控制装置、报警装置，以及应急广播、疏散照明指示系统等相连。在火灾发生时，通过自动或值班人员手动发出指令，启动这些装置进行相应动作。

（三）火灾自动报警与联控系统的智能化

从前述内容可以看出，因其能够自动探测和进行系统联动，火灾自动报警与联控系统已经具有一定的“智能”，系统在智能化建筑中可以独立运行，完成火灾信息的采集、处理、判断和确认并实施联动控制；还可通过网络实施远端报警及信息传递，通报火灾情况或向火警受理中心报警。这里所说的智能化主要是指对火灾探测系统（主要指火灾探测器）进行进一步的智能化改造，降低误报率，提高其报警的准确性。当前的主要手段就是将一个逻辑处理器（CPU）嵌入火灾报警器，成为“智能火灾探测器”，使其能够自行对探测信号进行处理、判断，免去了主机处理大量现场信号的负担，成为分布式智能系统，使主机从容不迫地实现多种管理功能，从根本上提高系统的稳定性和可靠性。

从联网的角度看，火灾报警系统作为建筑自动化系统的一部分，在智能化建筑中，既可与安防系统、其他建筑的防火系统联网通信、向上级管理系统报警和传递信息，也可向远端城市消防中心、防灾管理中心实施远程报警和传递信息，成为城市信息网络的一部分，提升网络系统的整体智能性。

第四节　智能安防系统

一、智能安防的基本功能和组成

（一）智能防范系统的基本功能

能够实现有效可靠的安全防范，是智能化建筑的主要特点之一。当前，安全防范系统的主要功能体现在外部侵入保护、区域保护和重点目标保护 3 个方面。

1. 外部侵入保护

外部侵入保护指无关人员从外部（如窗户、门、天窗和通风管道等）侵入建筑物时，报警系统立即启动发出警报信号，以将潜在的罪犯排除在防卫区域之外。

2. 区域保护

对建筑物内部某些重要区域进行保护，是安防系统提供的第二层保护，主要监视是否有人非法进入某些受限制的区域。在有人进入受限区域时，向控制中心发出报警信息，控制中心再根据情况作出相应处理。

3. 重点目标保护

重点目标保护指对区域内的某些重点目标进行保护，这是安防系统提供的第三层保护，通常设置在特别重要的，需加强保卫的场所，如档案室、保险柜、重要文物保管室、控制室和计算中心机房等。

总之，智能安防系统最好在可疑人员有侵入的意图和动作时便及时发出信号，以便尽快采取措施。当可疑人员侵入防范区域时，保安人员应当通过安全防范系统了解他的活动；当可疑人员犯罪时，安全防范系统的最后防线要马上起作用。如果所有的防范措施都失败，安全防范系统还应有事件发生前后的信息记录，以便帮助有关人员对犯罪经过进行分析。

（二）安全防范系统的基本组成

智能化建筑的安全防范系统通常有以下 4 个子系统：

1. 出入口控制系统

出入口控制系统就是对建筑内外正常的出入通道进行管理。该系统可以控制人员的出入，还能控制人员在楼内及其相关区域的活动。

2. 防盗报警系统

防盗报警系统是用探测装置对建筑内外重要地点和区域进行布防。它可以探测非法侵入，并且在探测到有非法侵入时，及时向有关人员示警。一旦有报警便记录入侵的时间、地点，同时向监视系统发出信号，录下现场情况。

3. 闭路电视监控系统

在重要的场所安装摄像机，它为保安人员提供了利用眼睛直接监视建筑内外情况的手段，使保安人员在控制中心便可以监视整个建筑内外的情况。从而大大加强了保安的效果。监视系统除起到正常的监视作用外，在接到报警系统和出入口控制系统的示警信号后，还可以进行实时录像，录下报警时的现场情况，以供事后重放分析。

4. 保安人员巡更系统

保安人员巡更系统是保安人员在规定的巡逻路线上，在指定的时间和地点向中央监控站发回信号以表示正常。如果在指定的时间内，信号没有发到中央控制站，或不按规定的次序出现信号，系统将认为异常。有巡更以后，如果巡逻人员出现问题，如被困或被杀，会很快被发现，从而增加了建筑的安全性。

这 4 个子系统，既可独立工作，也可通过计算机网络系统相互通信和协调，形成一个系统整体。

二、闭路电视监控系统

闭路电视监控系统的主要功能是辅助安全防范系统对建筑物内的现场

实况进行监视。它使管理人员在控制室中能观察到建筑物内所有重要地点的情况，是安全防范系统中的一个重要组成部分。随着近年来计算机、多媒体技术的发展，在智能建筑领域中，模型矩阵控制系统将逐渐被多数字视频监控系统取代。

对闭路电视监控系统的基本要求如下：

（1）应根据保护目标及监视的具体要求，对建筑物的重要场所、通道、电梯轿厢、车库以及人流集中的厅、堂安装摄像机。

（2）监视的图像显示应能自动和手动切换，画面上应有摄像机编号、监控日期和时间等显示。

（3）对所设定的一些重要目标的监控应能与防盗防入侵报警联动，并能根据需要对现场图像进行监视器显示及自动录像切换。

（4）能对重要或要害部门及其设施的状况进行长时间录像。

（一）闭路电视监控系统的组成与特点

闭路电视监控系统根据其使用环境、使用部门和系统的功能而具有不同的组成方式，无论系统规模的大小和功能的多少，一般监控电视系统由摄像、传输、控制、图像处理和显示 4 个部分组成。

1. 摄像部分

摄像部分的作用是把系统所监视的目标，即把被摄物体的光、声信号变成电信号，然后送入系统的传输分配部分进行传送。摄像部分的核心是电视摄像机，是光电信号转换的主体设备，是整个系统的眼睛。摄像机的种类很多，不同的系统可根据不同的使用目的选择不同的摄像机以及镜头、滤色片等。

2. 传输部分

传输部分的作用是将摄像机输出的视频（有时包括音频）信号反馈到中心机房或其他监视点。控制中心控制信号同样通过传输部分送到现场，以控制现场的云台和摄像机工作。

传输方式有两种，即有线传输和无线传输。

近距离系统的传输一般采用以视频信号本身的所谓基带传输，有时也采用试制成载波传送。采用光缆为传输介质的系统为光通信方式传送。传输分配部分主要有：

（1）馈线。传输馈线有同轴电缆（以及多芯电缆）、平衡式电缆、光缆。

（2）视频电缆补偿器。在长距离传输中，对长距离传输造成的视频信号损耗进行补偿放大，以保证信号的长距离传输而不影响图像质量。

（3）视频放大器。主要用于系统的干线上，当传输距离较远时，对视频信号进行放大，以补偿传输过程中的信号衰减。具有双向传输功能的系统，必须采用双向放大器，这种双向放大器可同时对下行和上行信号给予补偿放大。

根据需要，视频（有时包括音频）信号和控制信号也可调制成微波，开路发送。

3. 控制部分

控制部分的作用是在中心机房通过有关设备对系统的现场设备（摄像机、云台、灯光、防护罩等）进行远距离遥控。控制部分的主要设备有：

（1）集中控制器。一般装在中心机房、调度室或某些监视点上。使用控制器再配合一些辅助设备，可以对摄像机工作状态，如电源的接通、关断、光圈大小、远距离、近距离（广角）变焦等进行遥控。对云台控制，输出交流电压至云台，以此驱动云台内电机转动，从而完成云台水平旋转、垂直俯仰旋转。

（2）微机控制器。它是一种较先进的多功能控制器，它采用微处理机技术，其稳定性和可靠性好。微机控制器与相应的解码器、云台控制器、视频切换器等设备配套使用，可以较方便地组成一级或二级控制，并留有功能扩展接口。

4. 图像处理与显示部分

图像处理是指对系统传输的图像信号进行切换、记录、重放、加工和复制等功能。显示部分则是使用监视器进行图像重放，有时还采用投影电视来显示其图像信号。图像处理和显示部分的主要设备有：

（1）视频切换器。它能对多路视频信号进行自动或手动切换，输出相应的视频信号，使一个监视器能监视多台摄像机信号。根据需要，在输出的视频信号上添加字符、时间等。

（2）监视器和录像机。监视器的作用是把送来的摄像机信号重现成图像。系统中一般需配备录像机，尤其在大型的安全防范系统中，录像系统还应具备以下功能：在进行监视的同时，可根据需要定时记录监视目标的图像或数据，以便存档；根据对视频信号的分析或在其他指令控制下，能自动启动录像机，如设有伴音系统时，应能同时启动。系统应设有时标装置，以便在录像带上打上相应时标，将事故情况或预先选定的情况准确无误地录制下来，以备分析处理。

（二）闭路监控系统的现场设备

在系统中，摄像机处于系统的最前端，它将被摄物体的光图像转变为电信号——视频信号，为系统提供信号源。因此，它是系统中最重要的设备之一。

1. 摄像机

摄像机的种类很多，从不同的角度可分为不同类型。按颜色划分为有彩色摄像机和黑白摄像机两种；按工作照度分为普通照度摄像机、低照度摄像机和红外摄像机，红外摄像机用于黑暗环境，但需要在被监控区域装设红外光源；按摄像器件的类型划分有电真空摄像器件（即摄像管）和固体摄像器件（如 CCD，MO）两大类。电视监控系统中的摄像机通常选用 CCD 摄像器件。

从摄像机的性能指标来看，电视监控系统所使用的摄像机水平清晰度宜在 1 200 线以上。摄像机的最低照度（或灵敏度）应达 0.01 lx。监控摄像机信噪比（图像信号与其噪声信号之比，越高越好）应高于 46 dB。

摄像机可采用多种镜头。使用定焦距（固定）镜头者，通常用于监视固定场所。使用变焦距镜头者，用于光照度经常变化的场所，还可对所监视场所的视场角及目的物进行变焦距摄取图像，使用方便、灵活，适合远距离观察和摄取目标，主要用于监视移动物体。还有一种针孔镜头，主要用于电梯轿厢等处的隐蔽监视。

2. 云台和防护罩

云台是安装、固定摄像机的支撑设备，分为手动和电动两种。手动云台又称为支架或半固定支架，一般由螺栓固定在支撑物上，摄像机方向的调节有一定的范围，调整方向时可松开方向调节螺栓进行，将调好后旋紧螺栓，摄像机的方向就固定下来。电动云台内多装两台电动机，一个负责水平方向的转动，另一个负责垂直方向的转动，承载摄像机进行水平和垂直两个方向的转动。电动云台可以调整的摄像机水平回转角度为 0°～350°（有些特殊产品为 0°～360°），垂直回转角度为 –45°～45°，水平旋转速度为 3°/s～12°/s，垂直旋转速度为 4/s 左右。

摄像机防护罩按其功能和使用环境可分为室内型防护罩、室外型防护罩、特殊型防护罩。室内型防护罩的要求比较简单，其主要功能是保护摄像机，能防尘，能通风，有防盗、防破坏功能。有时也考虑隐蔽作用，让人不易察觉。室外防护罩比室内防护罩要求高，其主要功能有防尘、防晒、防雨、防冻、防结露、防雪和通风。多配有温度继电器，在温度高时将自动打开风扇冷却，低时自动加热。下雨时可以控制雨刷器刷雨。

3. 解码器

解码器完成对上述摄像机镜头，全方位云台的总线控制。当摄像机与控制台距离比较近时（一般不超过 100 m），可用直接控制方式来操作摄像机，这时用 13 芯电缆将动作指令传到摄像机处。当摄像机与控制台之间的距离超过 100 m 时，则采用总线编码方式来操作摄像机，一个摄像机的电动云台和镜头配备一个解码器，主要是将控制器发出的串行数据控制代码转换成控制电压，从而能正确自如地操作摄像机的电动云台和镜头。目前，它适用于控制距离较远的、电动云台和变焦镜头较多的场合。控制电缆已由 13 芯改为 2 芯。

（三）控制中心控制设备与监视设备

1. 视频信号分配器

视频信号分配器是将一路视频信号（或附加音频）分成多路信号，即它可以将一台摄像机送出的视频信号供给多台监视器或其他终端设备使用。

2. 视频切换器

为了使一个监视器能监视多台摄像机信号，需要采用视频切换器。切换器除了具有扩大监视范围，节省监视器的作用外，有时还可用来产生特技效果，如图像混合、分割画面、特技图案、叠加字幕等处理。

3. 视频矩阵主机

视频矩阵主机是电视监控系统中的核心设备，对系统内各设备的控制均是从这里发出和控制的，视频矩阵主机功能主要有视频分配放大、视频切换、时间地址符号发生、专用电源等。有的视频矩阵主机，采用多媒体计算机作为主体控制设备。

在闭路监控系统中，视频矩阵切换主机的主要作用有监视器能够任意显示多个摄像机摄取的图像信号；单个摄像机摄取的图像可同时送到多台监视器上显示；可通过主机发出的串行控制数据代码，去控制云台、摄像机镜头等现场设备。有的视频矩阵主机还设有报警输入接口，可以接收报警探测器发出的报警信号，并能通过报警输出接口去控制相关设备，可同时处理多路控制指令，供多个使用者同时使用系统。

智能建筑一般使用大规模矩阵切换主机，又称为可变容量矩阵切换主机。这类矩阵切换主机的规模一般都较大，且充分考虑了其矩阵规模的可扩展性。在以后的使用中，用户根据不同时期的需要可随意扩展。常用的 128×32（128 路视频输入、32 路视频输出）、1 024×64（1 024 路视频输入、64 路视频输出）均属于大规模矩阵切换主机，系统扩展方便。

4. 多画面处理器

多画面处理器有单工、双工和全双工类型之分，全双工多画面处理器是常用的画面处理器。全双工型可以连接两台监视器和录像机，其中一台用于录像作业，另一台用于录像带回放。这样就同时具有录像和回放功能，等效于一机两用，适用于金融机构这类要求录像不能停止的重要场合。画面处理器按输入的摄像机路由，并同时能在一台监视器上显示的特点，分为 4 画面处理器、9 画面处理器、16 画面处理器等。

5. 硬盘录像机

以视频矩阵、画面处理器、长时间录像机为代表的模拟闭路监控系统，采用录像带作为存储介质、以手动和自动相结合的方式实现现场监控。这种传统方法常有回放图像质量不能令人满意，远距离传输质量下降较大，搜索（检索）不易、不便操作管理、影像不能进行处理等缺陷。

硬盘录像机用计算机取代了原来模拟式闭路电视监视系统的视频矩阵主机、画面处理器、长时间录像机等设备。它把模拟的图像转化成数字信号，因此也称数字录像机。它以 MPEG 图像压缩技术实时储存于计算机硬盘中，检索图像方便快速，可连续录像几十天。

硬盘录像机通过串行通信接口连接现场解码器，可以对云台、摄像机镜头及防护罩进行远距离控制，还可存储报警信号前后的画面。计算机系统可以方便地自动识别每帧图像的差别利用这一点可以实现自动报警功能。例如，在被监视的画面之中设立自动报警区域（如建筑物的某一区域、窗户、门等），当自动报警区域的画面发生变化时（如有人进入自动报警区域），数字监控录像机自动报警，拨通预先设置的电话号码，报警的时间将自动记录下来。报警区域的图像被自动保存到硬盘中。

6. 监视器

监视器是闭路监控系统的终端显示设备，用来重现被摄图像，最直观反映了系统质量的优劣。闭路监控系统常用 A+级液晶屏，具有高亮度、高色域、高对比度，16.7 M 色彩，低于 7 ms 的显示响应时间。监视器的输入信号（峰－峰值）为 0.5～2.0 V 复合视频信号，输入阻抗为 75 Ω/高阻（可切换）。屏幕尺寸可根据需要在 34～51 cm 范围内选择。采用全金属机壳和 VESA 标准，使用寿命一般在 60 000 h 以上。

（四）数字视频监控系统

数字视频监视系统是将拍摄到的图像信息转换成数字信息存储在计算机硬盘中的系统，由摄像头和一台高配置的计算机组成，录像时间最长达半年之久，并具有定时录像、网上监控、防盗报警和微机兼用等辅助功能，使它成为传统视频监控系统的换代产品。数字视频监视系统由视频控制系统、监控管理器、数字记录系统及局域网组成。

一般系统可设置 1 台系统主控制器和多至 15 台系统分控制器、240 台摄像机和 64 台监视器。在系统主控制器不工作时，分控制器能按优先级别自动接替主控制器的系统通信管理工作，使系统继续正常工作，保证系统的可靠运行。现场编程功能可灵活设置系统工程的规模、各分控制器的控制操作范围、报警后联动动作等，使系统符合用户的要求。现场摄像机的云台控制具有自动线扫、面扫、定点寻位功能，为操作员快速寻找重点监视部位提供强有力的手段，并具有报警后自动开机和自动寻找预定监视部位的功能。

数字视频监控系统采用多媒体技术，还可以将 CCD 摄像机作为报警探头。摄像机将获取的视频信号传输到主机，主机里中高速图像处理器将对视频信号进行数字化处理，并对视频信号形成的图像与背景图像进行分析比较。若监视区域有移动目标时，图像信号就会发生变化，这种变化超过一定标准时，主机就会自动报警；同时，主机自动采集报警图像并存入计算机，事后可根据时间、地点随时查阅报警现场的图像，以了解报警原因。这样，闭路监控系统就与报警合二为一，实现了监视、报警与图像记录的同步进行，且这种系统把所有报警记录都储存在计算机硬盘中，屏幕上的软件对所有操作都有提示，使用十分方便。

三、防盗报警系统

防盗报警系统通常由探测器、信号传输通道和控制器组成。最基本的防盗报警系统则由设置在现场警戒范围的入侵探测器与报警控制器组成。

（一）入侵探测器

入侵探测器是由传感器和信号处理器组成的，用来探测入侵者入侵行为的机电装置。入侵报警探测器需要防范入侵的地方，可以是某些特定部位，如门、窗、柜台、展览厅的展柜；或是条线，如边防线、警戒线、边界线；有时要求防范某个面，如仓库、重要建筑物的周界围网（铁丝网或围墙）；有时又要求防范的是某个空间，如档案室、资料室、武器室、珍贵物品的展厅等，它不允许入侵者进入其空间的任何地方。因此，入侵探测器可分为点型入侵探测器、直线型入侵探测器、面型入侵探测器和空间型入侵探测器。

（1）点型入侵探测器警戒的仅是某一点，如门窗、柜台、保险柜。当这一监控点出现危险情况时，即发出报警信号，通常由微动开关方式或磁控开关方式报警控制。

（2）线型入侵探测器警戒的是一条线。当这条警戒线上出现危险情况时，发出报警信号。例如，光电报警器或激光报警器，先由光源或激光器发出一束光或激光，被接收器接收，当光和激光被遮断，报警器即发出报警信号。

（3）面型入侵探测器警戒范围为一个面。当警戒面上出现危害时，立即发出报警信号，如震动报警器装在一面墙上；当墙面上任何一点受到震动时，也会立即发出报警信号。

（4）空间型入侵探测器警戒的范围是一个空间的任一处出现入侵危害时，立即发出报警信号。例如，在微波多普勒报警器所警戒的空间内，入侵者从门窗、天花板或地板的任何一处进入都会产生报警信号。

入侵探测器应有防拆、防破坏等保护功能。当入侵者企图拆开外壳或信号传输线断路、短路或接其他负载时，探测器能自动报警。还应有较强的抗干扰能力。在探测范围内，任何小动物或长 150 mm，直径为 30 mm 具有与小动物类似的红外辐射特性的圆筒大小物体都不应使探测器产生报警；在建筑环境内常见的声、光、气流、电火花等干扰下，不会产生误报。

入侵探测器通常由传感器和前置信号处理电路两部分组成。根据不同的防范场所，选用不同的信号传感器，如气压、温度、振动、幅度传感器等，来探测和预报各种危险情况。安防市场上的入侵报警探测器有主动红外入侵探测器、被动红外入侵探测器、微波入侵探测器、微波和被动红外双鉴式入侵探测器、超声波入侵探测器、振动入侵探测器等。传感器产生的电信号，经前置信号处理电路处理后变成信道中传输的电信号（探测电信号），通过通信网络，传送到报警控制器。

目前，常用的入侵探测器有：

（1）门磁开关。安装在单元的大门、阳台门和窗户上。当有人破坏单元的大门或窗户时，门磁开关立即将这些动作信号传输给报警控制器进行报警。

（2）玻璃破碎探测器。主要用于周边防护，安装在单元窗户和玻璃门附近的墙上或天花板上。当窗户或阳台门的玻璃被打碎时，玻璃破碎探测器探测到玻璃破碎的声音后立即将探测到的信号传给报警控制器进行报警。

（3）红外探测器和红外/微波双鉴器。用于区域防护，通常安装在重要的房间和主要通道的墙上或天花板上。当有人非法侵入后，红外探测器通过探测到人体的温度来确定有人非法侵入，红外/微波双鉴器探测到人体的温度和移动来确定有人非法侵入，并将探测到的信号传输给报警控制器进行报警。管理人员也可通过程序来设定红外探测器和红外/微波双鉴器的等级和灵敏度。

（4）震动电磁传感器。用于目标防护，能探测出物体的震动，将其固定在地面或保险柜上，就能探测出入侵者走动或撬保险柜的动作，也可通过紧急呼救按钮和脚跳开关实现人工报警。这些开关或按钮，主要安装在人员流动比较多的位置，以便在遇到意外情况时可按下按钮/踩动开关向保安部门进行呼救报警。

（二）信号传输信道

信号传输信道种类极多，通常分有线信道和无线信道。有线信道常用双绞线、电力线、电话线、电缆或光缆传输探测电信号，可以利用综合布线；而无线信道则是将控测电信号调制到规定的无线电频段上，用无线电波传输探测电信号（这种方式多在特殊情况下使用）。

（三）报警控制器

控制器通常由信号处理器和报警装置组成。由有线或无线信道送来的探测电信号经信号处理器作深入处理，以判断“有”或“无”危险信号，若有危险，控制器就控制报警装置，发出声光报警信号，提示值班人员采取相应的措施，或直接向公安、保卫部门发出报警信号。

四、出入口控制系统

出入口控制系统也称为门禁管理系统。它对建筑物正常的出入通道进行管理，控制人员出入，控制人员在楼内或相关区域的行动。

通常，实现出入口控制的方式“从宽到严”有以下递进方式：

（一）安装门磁开关

在办公室门、通道门、营业大厅门等通行门处安装门磁开关，了解门的通行状态。当通行门开/关时，安装在门上的门磁开关会向系统控制中心发出该门开/关的状态信号，同时，系统控制中心将该门开/关的时间、状态、门地址等信息记录在计算机硬盘中。另外，可通过时间诱发程序命令，设定某一时间区间内（如上班时间），被监视的门无须向系统管理中心报告其开关状态；而在其他的时间区间（如下班时间），被监视的门开/关时，向系统管理中心报警，同时记录。

（二）增设电动门锁监视和控制门

楼梯间通道门、防火门等需要监视和控制，除了安装门磁开关，还需增设电动门锁。系统管理中心可监视这些门的状态，还可直接控制这些门的开启和关闭。可以利用时间诱发程序命令，设某一通道门在一个时间区间（如上班时间）内处于开启状态，在其他时间（如下班时间以后）处于闭锁状态，或利用事件发程序命令，在出现火警等紧急情况时，联动门开启或关闭。

（三）增设读卡机和生物特征识别系统

在需要监视、控制和身份识别的门或有通道门的高保安区（如金库门、主要设备控制中心机房、计算机房、配电房等），除了安装门磁开关、电控锁之外，还需安装卡识别器、密码键盘、指纹识别机、虹膜识别器、人活体面部识别等出入口控制装置进行身份控制；由中心控制室监控，采用计算机多重任务处理，对各通道的位置、通行对象及通行时间等进行实时控制或设定程序控制，并将所有的活动记录下来，可随时查阅重点区域人员的进出情况和身份。

五、安保人员巡更系统

巡更系统是一种人防和技防相结合的防护系统。它既可以用计算机组成一个独立的系统，也可纳入整个监控系统。对于智能化建筑而言，巡更系统应与其他子系统通过网络合并，组成一个完整的智能安全防范系统。

巡更系统的主要功能：

（1）可按巡更点编制出巡更程序，输入计算机。巡更员应按巡更程序所规定的路线和时间到达指定的巡更点，不能迟到，更不能绕道。

（2）对巡更人员自身的安全要充分保护。通常在巡更的路线上安装巡更点匙控开关或巡更信号箱，巡更人员要在规定的时间内到达指定的巡更点，通过按下巡更信号箱上的按钮或将巡更IC卡插入巡更IC读卡机向系统监控中心发出“巡更到位”的信号，系统监控中心同时记录下巡更人员到位的时间、巡更点编号等信息。如果在规定的时间内，指定的巡更点未发出“到位”信号，该巡更点将发出报警信号；如果未按顺序按下巡更按钮或插入巡更IC卡，未巡视的巡更点也会发出未巡视状态信号，中断巡更程序并记录在系统监控中心，同时发出警报。此时，相关部门应立即派人前往处理。

巡更管理系统的结构分为现场控制器、监控中心、巡更点匙控开关。一般可分为有线巡更和离线巡更两种类型。这两种系统并无太大的区别，只是有线巡更系统可以给巡更人员一种实时的保护。

（一）离线电子巡更系统

离线电子巡更系统由信息钮、巡更棒、通信座和计算机及管理软件组成。

系统先将信息钮安装在小区重要部位（需要巡检的地方），然后保安人员根据要求的时间、沿指定路线巡逻，用巡更棒逐个阅读沿路的信息钮，记录信息钮数据及巡更员到达日期、时间、地点等相关信息。保安人员巡逻结束后，将巡更棒通过通信座与微机连接，将巡更棒中的数据输送到计算机中，利用计算机进行统计考核。巡更棒在数据输送完毕后自动清零，以备下次使用。整个统计过程在几分钟内完成，方便、准确。管理人员可随时查询各项报表，掌握第一手资料；也可以按月、季度、年度等方式查询，有效评估保安员的工作情况。

（二）有线巡更系统

有线巡更系统是将读卡器或其他数据识读器安装在小区重要部位（需要巡检的地方），再用总线连接到控制中心的计算机主机上。保安人员根据要求的时间、沿指定路线巡逻，用数据卡或信息钮在读卡器或其他数据识读器识读，保安人员到达日期、时间、地点等相关信息实时传到控制中心计算机中，计算机可记录、存储所有数据。管理人员可随时查询巡更记录，掌握第一手资料。按月、季度、年度等查询方式可有效地评估保安员的工作。系统能实时读取保安人员的巡更记录，并对保安人员实施保护。

现在常把电子巡更系统和门禁管理系统结合在一起。利用现有门禁系统的读卡器实现巡更信号的实时输入，门禁系统的门禁读卡模块实时地将巡更信号传到门禁控制中心的计算机，通过巡更系统软件就可解读巡更数据。它既能实现巡更功能，又节省造价，此系统通常用在有读卡器的单元门主机的系统里。

有线巡更系统采用总线制连接方式，主控室能实时监控巡更人员的巡更路线，并记录巡更情况。系统软件可将巡更人员、巡更点、巡逻路线和报警事件等打印报表，以供管理人员查询。系统对巡更点进行实时检测，对于漏检点及提前或未按时到达指定巡更点的事件自动产生报警；同时，可设定和更改巡更路线，还可同时管理多条巡更路线上的巡更人员。

（三）云巡更系统

随着大数据技术的发展，云巡更系统应运而生。较上述传统的电子巡更系统而言，云巡更系统摆脱了对 PC 机的依赖，无须通信座传输数据，每个巡更点采集到的信息都被及时上传云存储中心，安保人员使用的巡更棒可随时传递信息。App 推送功能可以使用户随时随地接收、查阅报表，开启了利用手机、平板、PC 机等多媒体终端查询管理的“互联网 +”时代。

云巡更系统结构由云巡更平台、巡更终端、巡更点、人员卡等组成。

（1）云巡棒（巡更终端）：采用 LCD 显示屏，可显示巡逻地点名称、具有感应读卡、实时地名显示、巡检显示、GPRS 实时传输、巡逻导航等功能。

（2）云巡点：是在巡更路线上的重要位置，如楼梯口或楼梯前室、自动扶梯口、电梯厅、重要设备房附近、地下车库等处设置的巡更按钮，一个巡点代表一个地点，具体由物业管理部门确定。

（3）人员卡：巡更人员每人一个，用于识别巡更人员身份。

（4）云巡事件簿：指预先在系统中设置好的巡更事件，然后在巡更过程中确定的即时事件。

（5）云巡更系统的工作流程：巡更人员巡逻前需要用巡更终端读取一下代表自己身份的人员卡，然后按照线路顺序读取巡更点。巡更完毕之后巡更人员通过巡更终端直接上传信息，用户可通过手机、平板或 PC 机等多媒体设备随时接收并查阅报表。

云巡更系统改变了传统以销售硬件巡更产品为目的的营销模式，专业提供巡更运营服务为目标，终端用户不用再为购置成本、建设、维护等工作而担心。不仅可以实现实时查询和沟通，还可以实现多副本策略、密钥策略、数据差异性保存，有效解除数据安全隐患。

六、对讲系统

对讲系统主要应用于智能化建筑的门岗管理，可分为普通对讲和可视对讲两种系统。在智能楼宇中，对讲系统是管理中心或来访者与用户直接通话的一种快捷的通信方式。

该对讲系统安装摄像机后，能实现可视对讲。可视对讲系统安装在入口，当有客人来访时，按下室外机按钮，室内机的电视屏幕上即会显示出来访者和室外情况，按下室内机，即可与来访者通话。在无人呼叫时，按下室内机的监视键，可主动监视外部。如果配备电子门锁，只要按下室内机的开门键。大门上的电子锁即会自动打开和关闭，可供值班人员夜间出入。如果将楼宇访客、出入口控制、防盗报警、周界防范等安全防范系统有机地结合在一起，就成为智能化综合对讲系统。

（一）智能对讲系统的特点

智能对讲系统的特点包括系统联网、访客控制、呼叫管理、信息记录、连接探头、报警联动、户户通话、分级管理、系统扩展、视频导出、电梯控制等。其中，连接探头、报警联动、视频导出、电梯控制成为对讲系统智能化标志。

连接探头、报警联动是指系统能够连接各种烟雾、瓦斯、门磁、玻璃破碎、红外等报警探头，探头一旦触发，信号即刻传送至管理机进行处理，完全符合现代安全防范整体技术要求。在探头报警的同时，系统可启动灯光、声响及各种类型的电控机械等联动设备，对报警进行及时的处理。视频导出是将可视门口机的视频信号引入监控系统中进行实时监控，增加监控范围，极大地提高了摄像头的利用率。通过选用专用报警输入端，并对其合理编设，经与电梯控制部分连接后，可对大楼电梯的运行进行控制。在高效利用电梯的同时，还可对电梯停靠的楼层实时控制，既保障了住户的安全，又方便住户和访客的日常使用。

（二）对讲系统的线路

目前，对讲系统的线路根据设备的不同有下列四种形式。

（1）多芯线和视频线。其中，视频线为单独设置的 75 Ω 同轴电缆，多芯线可采用截面积为 0.4 mm^2 以上的导线。

（2）基于有线电视网络。它采用有线电视网络的同轴电缆。

（3）基于以太网。它采用双绞线。

（4）基于无线网络。

目前，已出现一种可视对讲、室内安全防范、远程自动抄表和电子巡更综合系统。它利用有线电视调制的方式传送图像、语音和控制信号，即把图像、语音及数据信号调制到一个空闲的有线电视频道上，语音、数据信号只占用 5 kHz 左右带宽，特别适合高层建筑的可视对讲、室内安全防范及远程自动抄表工作。该系统还可使用电视机作为可视对讲终端，进一步降低系统造价。

七、其他安防系统

（一）故障检测与诊断系统

数据驱动技术可以用于预测控制系统的行为，因此可以用该类技术检测诸如暖通空调系统的组件是否发生故障、发生何种故障以及偏离预期操作运行的时间。故障检测和诊断技术（fault detection and diagnostics，FDD）是为了满足监控系统而发展起来的。为了保障实际系统的牢靠性、可修理性和安全性建立的一个监控系统来监督整个掌握系统的运行状态，实时检测系统变化和故障信息，采取有效措施，防止发生灾难性事故。利用检测得到的建筑内设备运行数据，可构建基于定量模型（详细的物理模型）和基于定性模型（专家一设计的规则）。当详细模型不可用时，灰盒或黑盒方法可能更有效。数据驱动技术依靠各种统计和机器学习技术，使用包括主成分分析、人工神经网络、支持向量机等来检测相关变量之间的异常分歧，利用训练集中的故障分类、历史数据和模糊分析，判断系统组件故障。

（二）气体泄漏检测系统

建筑及基础设施中常有压缩天然气、液化石油气提供给用户使用。通过传感器可快速发现气体泄漏并启动自动报警系统，也有建筑使用可见光摄像头、红外温度传感器、导航无人机等设备将其链接到中央服务器的数据库，实时共享数据给用户，一旦发生异常将立即报警。对于阴燃火灾，CO 探测器较之于烟雾探测器更加灵敏；处理温度探测器的温度数据，判断是否有异常温升同样较之于烟雾探测器更加准确。

除了设备外，算法也可辅助识别气体泄漏并发出警报。决策树分析、基于规则的模糊分析、神经网络分析、主成分分析、概率神经网络分析等常用于此。

（三）建筑结构扭曲/破坏预警系统

我国大规模基础建设的浪潮已渐渐消退，各种结构物都开始进入长期的运营使用阶段。但是，在各种不确定外力加载（如风、地震、基础沉陷等）下，以及经济发展的需求，致使各种结构物超载疲劳运营现象较为普遍。建设前期的设计、施工并不能确定结构物是否正常运营，必将需要一种更实时、快捷的方式对运营状态进行全面的精细化监测，尤其是对已经服役多年的老旧结构物，建筑结构扭曲/破坏预警系统由此而出现。它通过在建筑结构构件内部埋设压力传感器、光纤传感器等感知设备，探测建筑结构构件所受到的压力及形变等，通过数据通信模组把有关监测参数传输到中央控制系统，实现实时探测和预警功能。

建筑结构扭曲/破坏预警系统的关键在于埋在结构构件内部的数据通信模组，它必须具备穿透性强和低功耗特点，是一个低频低功耗射频模块。国内现有结构通信模组已经达到通信距离 8 km、休眠电流 5 μA 的水平，模块尺寸仅 2～3 cm，质量不足 10 g，能够支持空中唤醒，FEC 前向纠错、透明传输、定点传输、广播传输、窄带传输技术、深度休眠、看门狗等功能。

第五章　人工智能技术与智慧生活

第一节　家庭智能照明

一、智能照明控制系统的组成

智能照明控制系统主要应用在酒店、体育馆、医院、路灯照明等场所，也是智能家居的重要组成部分。智能照明控制是指用智能开关面板直接替换传统的电源开关，用遥控等多种智能控制方式实现对室内所有灯具的开启或关闭、亮度调节、全开、全关以及组合控制的形式，实现“会客、影院”等多种灯光情景效果，从而达到智能照明的节能、环保、舒适、方便的功能。其中控制方式包括触摸面板、遥控器控制、智能手机控制、电话远程控制、定时控制、平板电脑网络控制等。

目前，以智能音箱作为代表的语音平台已成为家居智能照明的入口。智能照明系统通过接入诸如苹果 HomeKit、谷歌 Nest、亚马逊 Alexa、华为 Hilink、天猫、小米、百度等语音控制平台，以及小米、华为等手机入口终端设备厂商智能家居生态平台，进入千家万户。

智能照明控制系统主要由智能移动终端（智能手机或平板电脑等）、控制模块、环境光传感器与智能开关等组成。其中控制模块是一款功能精简的智能家居控制主机，安装完成相关软件后，它可轻松控制灯光、窗帘、电器等设备；环境光传感器可以感知室内光线情况，并告知控制模块自动调节室内亮度，降低照明电能消耗；智能开关包括调光面板、情景控制面板与随意贴面板，它们可手动或利用受控制模块控制室内的灯光或不同灯具的组合。

二、智能照明控制所需产品及性能简介

（一）智能开关面板

智能开关面板采用高灵敏触摸按键，支持 App 远程控制、定时控制，单火取点 NSWA 技术，支持情景联动。手指触碰即可开关，装有触碰反馈，内置 LED 灯，面板装有 150 个以上的发光二极管的点阵，可以显示时间和天气。可以使用手机进行远程控制开/关灯，可通过手机设置定时照明开关，面板内置距离传感器，当面板不使用的时候，面板指示灯灭，节约能源。当有人靠近时会自动亮起指示灯。面板会定时更新显示的空气质量指数，将灯光的实时状态进行反馈。当手指触碰面板的时候，会有震动反馈，支持语音控制，采用上接线方式。

（二）智能调光面板

智能调光面板也是采用高灵敏电容触摸屏，内置发光二极管点阵列，可以显示连接的灯光的状态，手指在控制界面进行滑动控制灯光的亮度。如可以使用纳乐智家 App 进行远程控制，也可以制定亮度变化周期进行定时控制。支持语音控制。采用上接线方式。

（三）智能情景面板

智能情景面板支持多路情景的调节，如可以通过纳乐智家 App 进行编辑（包括添加、删除和修改）。内置发光二极管点阵列，面板表面可以显示时间和定制图案。高灵敏电容式触摸屏，手指轻轻点动即可选择。面板内置距离传感器，当面板不使用的时候，面板指示灯灭，节约能源。当有人靠近时会自动亮起指示灯。面板会定时更新显示的空气质量指数，将灯光的实时状态进行反馈。当手指触碰面板的时候，会有震动反馈。支持语音控制。采用上

接线方式。

在智能情景面板中有一种叫触控情景面板或智能触控面板，它采用OLED显示，可以根据实际的需求配置不同的场景模式，提供多种场景选择。也可以根据用户自身需要和习惯，配置相应的场景。如海尔智慧家居中智能触控面板采用高端豪华外观设计，能智能调节空调、灯光、新风，搭配多种不同类型负载，实现场景控制，互联互通。用户可以通过任何移动终端，即使远在千里之外也可随心调控设备，从而达到不同的身心享受。

（四）智能网关

智能网关具备智能家居控制中心及无线路由器两大功能，一方面负责整个家庭的安防报警、灯光照明控制、家电控制、能源管控、环境监控、家庭娱乐等信息的采集与处理，通过无线方式与智能交互终端等产品进行数据交互。另一方面它还具备有无线路由器功能，是家庭网络和外界网络沟通的桥梁，是通向互联网的大门。

纳乐智能网关可连接和控制所有入网的 ZigBee 智能产品，设置与开关、安防、灯光、影音等联动，电器状态的实时反馈，支持智能设备的本地及远程软件控制，通过赛宝信息安全测试，组建一个高效、稳定、可靠、安全的网络。具有远程升级功能，所有新技术新功能可与用户同步进行更新，同时匹配相应的技术支持。顶部有入网显示灯，底部装有通知显示灯。

（五）LED 变色灯

LED 变色灯是一种新型灯泡，它的外形与一般乳白色白炽灯泡相同。它由电容降压式稳压电源、LED 控制器及红（R）、绿（G）、蓝（B）三基色 LED 发光二极管阵列组成。电源接通后，经电容降压、二极管整流、稳压后输出 15 V 直流电压供 LED 控制器和三基色 LED 阵列。LED 控制器能自动按一定的时间间隔发出高低电平，控制三基色 LED 发光二极管的导通（点亮）与关闭（熄灭）。经三基色混合原理，便会自动循环地发出青、黄、绿、紫、蓝、红、白色光。

LED 变色灯适用于家庭生日派对、节日聚会、过节过年，给节日添加欢乐气氛，也可用于娱乐场所及作为广告灯等。该变色灯泡的特点是：节能（功率约 1 W）、寿命长、使用方便、价格便宜。

三、家庭智能照明系统设计

（一）住宅建筑电气设计规范

我国的行业标准《住宅建筑电气设计规范》的编号为 JGJ 242—2011，自 2012 年 4 月 1 日起实施。下面简要介绍有关条文，供读者在进行家庭照明系统设计时参考。

（1）住宅建筑电气照明的设计应符合国家现行标准《建筑照明设计标准》《民用建筑电气设计规范》的有关规定。

（2）住宅建筑常用设备电气装置的设计应符合现行行业标准《民用建筑电气设计规范》的有关规定。

（3）住宅建筑电源布线系统的设计应符合国家现行有关标准的规定。住宅建筑配电线路的直敷布线、金属线槽布线、矿物绝缘电缆布线、电缆桥架布线、封闭式母线布线的设计应符合现行行业标准《民用建筑电气设计规范》的规定。

（4）电源布线系统宜考虑电磁兼容性和对其他弱电系统的影响。

（5）住宅建筑应采用高效率、低能耗、性能先进、耐用可靠的电气装置，并应优先选择采用绿色环保材料制造的电气装置。

（6）每套住宅内同一面墙上的暗装电源插座和各类信息插座宜统一安装高度。

（7）住宅建筑的照明应选用节能光源、节能附件，灯具应选用绿色环保材料。

（二）家庭照明设计的基本要求

智能家庭照明设计的基本要求是实现智能化管理与控制，另外则是节能与环保。其中智能化操作系统的照明必须满足：一是可以实现人性化、智能化一键操作，集成可视管理，可控管理，节省人力；二是必须实现能源的节能与环保。

家庭智能照明应具有以下功能。

1. 集中控制和多点操作

在任何一个地方的终端均可控制不同地方的灯；或者是在不同地方的终端可以控制同一盏灯。

2. 软启动

开灯时，灯光由暗渐渐变亮。关灯时，灯光由亮渐渐变暗，避免亮度的突然变化刺激人眼，给人眼一个缓冲，保护眼睛。而且避免大电流和高温的突变对发光器件的冲击，保护灯泡，延长使用寿命。

3. 灯光明暗能调节

无论是在会客、看电视、听音乐，或与家人在一起，或独自思考时，均能调节不同灯光的亮度，创造舒适、宁静、和谐、温馨的气氛。

4. 全开全关和记忆

整个照明系统的灯可以实现一键全开和一键全关的功能。当入睡或者是离家时，可以按一下全关按键，全部的照明设备将全部关闭。并能记忆前一次开灯时所设置的亮度，下次开灯时自动恢复。

5. 定时控制

通过日程管理程序，可以对灯光实现定时开关。例如，在每天早晨 7 点钟，会将卧室的灯光缓缓开启到一个合适亮度；在深夜，自动关闭全部的灯光照明。

6. 情景设置

通过软件编程，可以按一个键控制一组灯，实现多路灯光情景的设置与转换，或者实现灯光和电器的组合情景，如回家模式、离家模式、会客模式、就餐模式、影院模式、起夜模式等。

7. 遥控及远程控制

用一个遥控器或通过手机、平板电脑便可遥控或远程控制所有的灯具。

8. 语音控制

用户只要通过语音指令，便可控制所有的灯具，或所需要情景模式。

（三）家庭照明的灯光设计

家庭照明系统一般分为客厅、卧室、餐厅、厨房、书房、卫生间等，在智能家居设计的过程中，智能照明系统根据各个房间的要求，进行灯光设计和控制，实现理想效果。

家庭照明的灯光设计主要实现对家庭内外的灯光进行各种智能控制与管理，具体地说主要实现灯光单控、双控、多控，全部及局部区域灯光全开、全关等；不同房间、生活区域的一键式情景控制功能。

1. 客厅

客厅是全家人休闲娱乐和会客聚会的重要场所，所以客厅照明设计的主基调应当是明亮、实用和美观，以满足各种场合的使用需求。

客厅照明在光源设计上应当有主光源和副光源。主光源一般指吊灯、吸顶灯，起到基础照明作用。在客厅安装组合吊灯，不仅外观奢华大气，而且可以调节照度，深受人们的喜爱；副光源是指壁灯、台灯、落地灯等，起辅助照明作用。随着光源艺术进入百姓之家，副光源的使用频率越来越频繁。有些壁灯起着装饰墙角、壁画的作用，使这一角落别有洞天，雅趣无穷。落地灯的灯罩是室内装饰的关键，颜色应当考究，最好与沙发等客厅主色调保持一致。设置在书桌或茶几上的台灯，对照度的要求比较高，光源位置应该高一些，扩宽光线的投洒面。而会客用的茶几台灯，照度则可以比较低，可选用桶形半透明灯罩，使光线均匀地洒向会客区，营造气氛温馨、其乐融融的会客氛围。

2. 卧室

卧室照明既需要满足睡觉时柔和、轻松、宁静、浪漫的环境要求，又要满足装扮、着装以及睡前阅读的需求。各种卧室照明需求的微妙组合，要求精妙的卧室照明设计为其提供照明平衡。

卧室是休息睡觉的房间，要求有较好的私密性。光线应该柔和，避免眩光和杂散光，以帮助主人进入睡眠状态。卧室照明的出发点是以基础照明为主要光源，配以装饰照明和重点照明来烘托空间气氛。一般可用一盏吸顶灯作为主光源，安置在天棚中间；设置壁灯、小型射灯、发光灯槽或者筒灯等作为装饰照明或重点照明，以降低室内光线的明暗反差。

如果主人有在床上看书的习惯，建议在床头安放一个可调光型的台灯，灯具内安装节能灯或冷光卤素光源，可避免阅读的视觉疲劳。床头台灯可提供集中柔和的光线，既为听音乐、养神定气营造柔和的灯光环境，又可满足休闲阅读的照明需求。阅读的间隙需要休息和放松，可通过射灯去突出一件艺术品，如根雕、玻璃樽等。

3. 餐厅

餐厅的照明，要求色调柔和、宁静，有足够的亮度，不但使家人能够清楚地看到食物，而且要与餐桌、椅子、餐具的色彩相匹配，形成视觉上的美感。照明设计能够影响餐厅的整体效果，在灯具的选择上，以温馨、浪漫为基调，餐吊灯、壁灯应该是餐厅中的首选灯具。

由于小户型的家居环境越来越多，很多家庭没有独立的餐厅，仅仅将客厅的一部分作为就餐区。在这种情况下，将光线集中在餐桌上而不是均匀地照明整个区域，可以增加亲切感，拉近主人与客人的距离。常规方案是将单个灯具悬挂在餐桌上方。对于较大的桌子而言，应当使用两三个功率小且相互匹配的灯具，才能满足就餐环境的需要。调光器在餐厅照明中大有用武之地，它能根据餐厅的需要适时调节照度，或者在非就餐时间只照亮桌脚，也是客厅“风景”的一部分。

4. 厨房

厨房作为工作室的一种，需要无阴影的常规照明。厨房照明既要实用又要美观、明亮、清新，以给人整洁之感。厨房灯光需要分成两个层次：一个是整个厨房的基本照明，另一个是对洗涤、备餐、操作区域的重点照明。

基本照明照亮整个区域，可采用功率在25～40 W之间的吸顶灯或吊灯，尤其是装一个嵌入式吸顶灯具，或防水防尘防油烟的吸顶灯，这样能提供高效节能的基本照明。

厨房的灯具应以功能性为主，外形大方简约，且便于打扫清洁。灯具材料应选用不易氧化和不易生锈的材质，或表面有保护层的灯具为佳。选择经济美观、装饰性强、经久耐用的厨卫灯，既能创造明亮的环境，又可使食物的自然色彩得到真实再现，创造明亮舒适的厨房操作环境。

为了厨房照明更完善，方便烹饪操作，可以在厨房中安装一个由不同的灯具和光源组成的多层次的照明系统。也可以在橱柜上方安装照明装置用于间接照明，比如小射灯，照在橱柜的上部，不仅美观大方、不会刺眼，而且还方便取盘放碟。

5. 书房

书房，顾名思义，是读书写字的居室，也是陶冶情操、修身养性的处所。从人的视觉需求和书房照明的要求来看，书房灯具的选择首先要以保护视力为基准。除了人的生理健康和用眼卫生等因素外，必须使灯具的主要照射面与非主要照射面的照度比为10:1左右，这样才适合书房的视觉要求。另外，照度需要达到150 lx以上，才能满足书写照明的需要。

随着计算机走入千家万户，显示屏需要良好的照明环境，要保证有足够的光线照亮键盘区，以避免屏幕上形成对比强光对眼睛造成刺激，最好打较弱的光线在屏幕上。台灯具有照度高、光源深藏、视觉舒适、移动灵活等特点，在计算机工作区域配置一盏精巧的台灯，能够获得理想的效果。

6. 卫生间

白天，卫生间应整洁、清新、明亮，晚上，则需要轻松、娴静和亲密。

由于卫生间是水与电共存的特殊场所，要求灯具需具备防水防尘的特点。

卫生间的淋浴、坐厕等功能区域，照明应以柔和的光线为主。照度要求不高，但光线需均匀。由于此区域用水频率很高，光源本身还要有防水、散热和不易积水的结构。一般来说，在 5 m^2 的空间里要用 60 W 的光源进行照明，灯具的显色指数要求不高，白炽灯、荧光灯、气体灯都可以。相对来讲，墙面光源比较适合浴室空间环境，这样可以减少顶光源带来的阴影效应。

第二节　家用电器智能控制与能源管控

一、家用电器智能控制与能源管控系统的组成

（一）家用电器智能控制系统的组成

家用电器智能控制与智能照明控制类似，不同的是受控对象不是灯具而是家用电器，如电视机、空调、热水器、电饭煲、饮水机、投影机等家用电器进行智能控制。可避免饮水机在夜晚反复加热影响水质；在外出时可关闭插座电源，避免电器发热引发安全隐患；以及对空调、地暖进行定时或者远程控制，以便回家后能马上享受舒适的温度和新鲜的空气。

电器智能控制一般分为两大类：一类是原来可用红外遥控器控制的家用电器，如电视机、空调等，这类家用电器是在控制主机“指挥”下，将原来红外遥控器的功能“学习”到红外线转发器，通过红外线转发器去控制家用电器；另一类是由控制主机直接用无线电信号去控制家用电器的电源插座，如热水器、电饭煲、饮水机等。

（二）能源管控系统的组成

家庭能源管控系统是智能家居不断发展的产物，也是家用电器智能控制系统的升级。社会经济的快速发展使人们对电力的需求日益增加，如何节约

用电、科学用电、管理用电，有效地控制家庭能耗是智能家居需要研究的课题。如在家庭用电上，可以监测能耗。用电高峰期时，可以有选择性地使用家用电器，优先使用功率较小的家用电器。同样，可以检测何时电费较低，这时可以集中使用家用电器，节约电费。与此同时，家里的用电情况可随时监测，也可以远程通过计算机、智能手机、平板电脑等进行实时监控。

家庭能源管控系统一般由智能电表、电能监控插座（或称无线智能插座）、无线路由器、智能控制主机等智能设备及室内无线网络组成。常用家庭大功率电器，如热水器、电磁炉、冰箱、空调等，只需将其电源线直接插在无线智能插座上，便能正常工作，并可记录下这些电器的实时能耗。无线电源插座上的数据信息可以通过无线协议 IEEE802.15.4E，由无线路由器发送给控制主机。控制主机把数据信息进行协议转换成以太网数据帧格式后通过交换机把数据帧转发给室内智能电表和本地服务器。室内智能电表在接收到数据帧后，对家用电器能耗信息数据进行分析并显示在液晶屏上。本地服务器同样通过以太网获取到家用电器能耗数据，对数据帧进行解析后存储在本地后台数据库，同时构建远程访问网页，这样远程计算机、5G 手机、平板电脑在联网的情况下，通过 TCP/IP 访问本地服务器获取能耗数据以及发送控制命令，控制命令通过本地服务器把控制命令由以太网发送给控制主机，由控制主机发送给无线路由器，再发送给无线智能插座分析控制命令并执行操作，这样就实现了 IEEE802.15.4E 网络的无线智能插座组网和远程能源监控。

二、家用电器智能控制与能源管控所需产品及性能简介

（一）智能插座面板

智能插座在智能家居中可通过计算机/手机客户端、无线电遥控器实现对电器用电负载（如电热水器、空调、电饭煲等）的通断控制，或通过智能主机实现远程控制。还可定时开关家用电器的电源，起到便捷、节能、防用电

火灾的作用。智能插座也是接收控制主机发的指令或语音控制指令进行电器电源控制。智能插座可使传统的家用电器变身智能电器，即通过手机 App 控制家用电器的开关，有的还增加了 USB 端口，便于手机充电，同时在设计上预留了放手机的支架位置。

（二）无线智能插座

目前无线智能插座主要有 Wi-Fi 无线智能插座和 ZigBee 无线智能插座两种。

1. Wi-Fi 无线智能插座

Wi-Fi 无线智能插座就是利用家庭中的 Wi-Fi 网络，让智能手机在联网条件下，通过手机在全球任何一个地方实现远程控制插接在它上面的家用电器。由于智能插座能够做到让电器完全断电，所以，对于电视机、空调、电热水器、电取暖器等一系列的功率较大的电器来说，能做到随用随开，节约电费。除此之外，Wi-Fi 无线智能插座支持实时状态反馈，将电器工作状态实时反馈到客户端，支持多个定时任务的设置。手机客户端还可以对多个智能插座进行同时的控制，使生活更加便利。

2. ZigBee 无线智能插座

ZigBee 无线智能插座通常指内置 ZigBee 模块，通过智能手机客户端实时或定时接通、切断插入在智能插座上的家用电器电源，节能高效，安全可靠。该产品除了在智能家居使用外，还广泛应用于智能酒店、智慧医院、智能建筑等场所。

如某 ZigBee 无线智能插座特点如下：

支持 ZigBee3.0 协议；支持电器工作状态实时反馈到客户端；支持 10 个以上定时任务设置；客户端支持 50 个智能插座；支持本地或者远程无线控制；支持亚马逊谷歌等智能语音音箱控制。

该产品的技术参数如下。

（1）供电方式：AC 110～240 V。

（2）最大功率：2 000 W（阻性负载）。

（3）最大负载电流：10～15 A。

（4）外观颜色：珍珠白。

（5）材质：阻燃 ABS。

（6）无线频率：2.412～2.484 GHz。

（7）加密类型：AES。

（8）无线功耗：≤0.5 W。

（9）工作温度：−20～70 ℃。

（10）工作湿度：≤80%。

（三）电能监控插座

电能监控插座又称无线智能计量插座，它是一款可远程遥控和管理的电流、电压、功率、用电量检测插座。当设备连接电器时，可以检测到当前电器的负载电流等参数的信息。根据检测到的电流值等，可以判断电器的工作状态，同时可通过配合手机智能家居软件实现家庭能耗的实时监测和管理。

电能监控插座在家庭能源管控系统中属于一个连接用电设备与控制主机的关键设备，它直接实现对家用电器信息的采集和发送，同时接收控制主机的指令进行本地供电控制。电能监控插座能够对插在其上的家用电器进行管理，从而实现家用电器的网络接入能力，实现通过远程客户端对家用电器的远程监视和控制。从物联网的角度来分析，它作为物联网感知识别层的能耗感知设备，是联系物理世界和信息世界的纽带，通过它人们可以让家用电器“开口说话和听话”。

电能监控插座的功能特点是：采用 ZigBee 无线通信技术，符合 HA 协议；具备手动/遥控开关功能；能够同时检测电流、电压、功率、电量等参数；支持智能能耗管理；内置电能计量芯片、LED 显示屏、无线射频芯片与相关按键；支持电流过载保护；支持云计算，可由手机、平板电脑、计算机等上网设备控制和管理。

电能监控插座的核心部分是计量电路，它是电能表计量准确性的关键部分，是电能表计量功能的体现。其他部分也是缺一不可的，特别是MCU微处理器，它是电能监控插座的灵魂，实现内部各个器件协调控制，共同完成家庭电器能耗信息的采集与数据收发。

电能监控插座的内部电路还有电压电流采集电路、LCD显示电路、电源管理电路、按键输入电路以及开关控制电路。

（四）红外线转发器

智能家居中的红外线转发器的作用是将ZigBee无线信号或Wi-Fi无线信号转发成红外线信号控制室内的空调、电视机、DVD影碟机、功率放大器、音箱、电动窗帘、有线数字电视机顶盒等红外线遥控产品。纳乐智能红外转发器可实现全方位无死角地对空调等红外感应设备进行控制，自带红外码库，支持市面上绝大多数红外设备控制。内置多个红外发射头，可与智能主机进行信息交互，进行场景联动和控制，支持无线布控，支持语音控制。

另外市场还有一种ZigBee红外线转发器，该红外线转发器与ZigBee无线网关结合使用，可将智能手机转化为万能遥控器，集中控制家中的电视、空调、音箱、DVD和机顶盒等红外设备，在全球的任何地点均能对家中的红外线遥控设备进行远程操控，并且还可配合无线网关联动设置多种情景模式。该产品使用方便，可悬挂安装也可直接摆放。内置大功率红外线发射管，发射角度为全方位360°，全面覆盖房间的每一个角落，轻松实现红外线遥控设备的高灵敏、高准确控制。

（五）智能电表

智能电表是整个家庭能源管控的数据源中心，首先它通过外部电网公司抄表系统实现集中抄表，同时通过电能表内的电力线载波通信（PLC）或ZigBee模块可以与家庭交互终端实现交互。

智能电表主要功能如下。

（1）可对多时段多费率模式电能分别统计，对有功、无功电能使用情况进行计量。考虑到分布式能源的接入，智能电表还具有双向计量功能，具备用于存储双向计量电能独特的存储区间。

（2）支持双向通信，在发送数据信息的同时接收指令信息，比如实时用电信息查询、实时费率标准、电表程序升级设置等一些其他远程操作。

（3）能根据需求响应要求实现负荷的智能限制。当主电网故障时，能与智能交互终端等共同协作实现向自主供电系统的平稳过渡。

（4）内置大功率磁保持继电器，支持远程拉合闸，实现了预付费管理对智能电表开断的要求。

（5）具备抄收智能燃气表、水表等多用途增值服务功能。

智能电表包含控制、电源、计量、通信、时钟和数据存储等模块。

其中控制模块是智能电表的核心部分，它的作用是将各个模块整合成整体、协调合作；电源模块的作用是为各模块提供 5 V 和 3.3 V 的直流电源，并有 3 V 的电池作为后备电源，保证重要数据不丢失；计量模块的作用是对各种用电状态进行计量，并将数据发送给控制模块；时钟和存储模块的作用是为电表提供精确的时间基准及数据存储空间；通信模块为 ZigBee 通信模块，它的作用是接收和发送数据。

（六）空调节电控制器

空调节电控制器是一种以节能、管理、远程集中控制为目的的新型空调远程控制器。它配有红外控制模块、强制电源控制模块、远程通信模块、电能管理模块、自控模块等，其中红外控制模块能学习所有带有遥控器的空调及其他设备的红外码值，使空调远程控制更智能，更简单。在不影响舒适性的前提下杜绝电能的浪费，其主要功能如下。

1. 自动执行双温限功能

内置温度探头采集环境温度，实现对空调的控制。并可根据季节不同自动执行不同的温度限制，如夏季可以将空调制冷温度限制在上限 28 ℃，下限 26 ℃温度范围内工作；冬季可以将空调制热温度限制在上限 18 ℃，下限 16 ℃温度范围内工作。参数设置完毕不需要人工干预。

2. 人员智能识别功能

内置人体感应探头，实现室内有人时开空调，无人时关空调。

3. 电压、电流、功率、温度的实时测量功能

可以精确计量负载功率和用电功耗，为用电管理（节能管理平台）提供量化依据。可实时计量电能、用电时间、剩余电量、剩余用电时间、室内温度等。

4. 时钟显示功能

空调节电控制器自带电子时钟，在其工作时可做电子时钟显示日期，时间等。

5. 远程遥控功能

内置 ZigBee 通信模块，支持 ZigBee 3.0 协议，可通过智能手机客户端实时或定时接通、切断空调电源，并观察空调的电压、电流、功率与室内温度。

6. 报警保护功能

空调节电控制器具有越限报警提示、跳闸、调温、过流保护、意外事件记录等功能。

（七）智能无线路由器

无线路由器是组建家庭无线网络所需的基本配置，它可实现家庭无线网络中的 Internet 连接共享，实现 ADSL、Cable Modem 和小区宽带的无线共享接入。无线路由器可以与所有以太网接的 ADSL Modem 或 Cable Modem 直接相连，也可以在使用时通过交换机/集线器、宽带路由器等局域网方式再接入。

随着智能手机、平板电脑、笔记本电脑、智能电视机等智能硬件的普及，家中需要 Wi-Fi 连接的设备越来越多，也可以说日常生活已经完全离不开 Wi-Fi 了。家中的 Wi-Fi 部署离不开无线路由器，在智能万物互联时代无线

路由器成为家庭的网络中心和智能家居的控制中心。

智能路由器也就是智能化管理的路由器，通常具有独立的操作系统，可以由用户自行安装各种应用，自行控制带宽、在线人数、浏览网页、在线时间，同时拥有强大的USB共享功能，做到网络和设备的智能化管理。

智能路由器最大作用就是提升用户体验，相比普通路由器设置更简单，使用更方便，另外针对移动时代也增强了移动功能。智能路由器作用主要体现在以下几个方面。

1. 更方便设置与管理

智能无线路由器大大简化了设置操作，支持一键设置以及在智能手机等移动设备中管理设置。

2. 更高速的传输速度

很多智能路由器均配备2.4G频段和5G频段双Wi-Fi传速，由于IEEE 802.11.ac支持5G频段，所以在家庭网络可快速进行数据传输，满足高清电影等大宽带需求设备无线使用。

3. 拥有强大扩展能力

智能路由器可以内置或者连接扩展U盘、移动硬盘设备，可以离线下载各种视频文件到存储设备中，供智能手机、计算机等设备离线下载或者观看。如果设置智能路由器夜间下载电影，然后共享给上网设备，白天用户就可以离线看视频，而不会影响到其他上网用户的网速。

4. 智能路由器可以安装应用

智能路由器安装应用也是一个扩展功能，其类似于一个系统，用户可以自行安装各种应用，从而实现更强大的扩展功能。

如360安全路由器在前几年的“天翼智能生态博览会”上被评选为“最佳智能路由器”。该安全路由器搭载一个千兆WLAN口和三个千兆LAN口，2.4 GHz和5 GHz双频并发，无线速率高达1 167 Mbit/s。芯片采用瑞昱RTL-8197FS，主频1 GHz，支持150台设备同时畅玩。拥有四根全向性高增益超长天线，信号可覆盖200 m^2。

三、家用电器智能控制与能源管控系统设计

（一）传统家用电器的控制方式

传统家用电器的控制方式主要有手动控制、机械定时控制、遥控器控制、微机控制等。

1. 手动控制

手动控制是以前大多数家用电器采用的控制方式，将家用电器插上电源后，用手按下电源开关，家用电器便可正常工作，如电热水壶、电火锅、电吹风等。

2. 机械定时控制

机械定时控制是在家用电器内安装机械定时器，将家用电器插上电源后，用手旋转定时器，设置电器工作时间，电器在超过工作时间后，会关断电源或进入保温状态，如电饭煲、电风扇等。

3. 遥控器控制

遥控器控制是用红外线遥控器控制家用电器的工作，如空调、电视机、影碟机、数字电视机顶盒等。

4. 微机控制

微机控制也称全自动控制，它是近期生产的家用电器采用的控制方式，利用家用电器内部的单片机，事先设计好各种工作程序，将家用电器插上电源后，按下功能键，便可正常工作，如洗衣机、微波炉、豆浆机等。

（二）家用电器智能控制设计

家用电器智能控制设计是在不改变现有家用电器控制方式的基础上，由智能手机、智能网关、红外线转发器等来控制室内各式各样的家用电器。

家用电器智能控制系统主要是由硬件与软件两部分组成，应用软件部分App下载在智能手机中，有关控制指令软件集成在智能网关内部，一般由生

产厂家完成。硬件部分主要有各种传感器、智能网关、家庭控制终端、各种控制模块等。

目前家用电器智能控制的方式主要有以下几种。

1. 利用智能手机 App 实现家用电器控制

目前智能手机应用极为普遍，利用手机连接 5G 网络之后，对家庭网络的智能网关进行访问，并且通过 App 发送操作指令，智能网关就能够将操作指令发送到家庭控制终端，最终通过指令实现对家用智能电器的本地控制或远程遥控。

但是利用手机 App 实现对家用电器的智能控制的一个关键前提就是家用电器必须已经接入了家庭网络终端，其中通常可以通过 Wi-Fi，ZigBee 等无线通信协议实现家用电器的网络接入。这样一来就打破了传统家用电器控制的局限性，实现了家用电器智能控制的多样性以及快捷性，提高了家用电器使用的灵活性。

2. 利用红外线转发器实现家用电器控制

红外线转发器的作用前面有介绍，它是家用电器智能控制系统中不可缺少的设备之一，通过它可用一部智能手机或平板电脑替代原有的各式红外线遥控器，如以前用户看电视节目，需要使用电视机遥控器、数字电视机顶盒遥控器，有时还要用 DVD 遥控器等，采用家用电器智能控制系统后就省掉学习使用众多遥控器的烦恼，轻松掌握控制家中的各种电器。

3. 利用内置语音模块实现家用电器控制

如今智能家用电器产业迎来“人工智能时代”。其中，语音交互技术全面普及，互联网电视及白电厂商带有语音功能的智能电器正逐步走进普通家庭。与普通家用电器相比，智能家用电器不仅具有传统的家用电器功能，还让家用电器“听懂话”。根据人们的语音指挥，由原来的被动静止结构转变为具有主动识别语音执行的智慧工具，优化人们的生活方式，增强家居生活的安全性、舒适性。

4. 利用传感器模块实现家用电器控制

前面介绍的空调节电控制器，它就是利用温、湿度传感器和事先设置好的上、下限温度来自动控制空调的开与关；智慧空气系统可根据传感器和产品配合达到多温区的效果；瞬热洗防电墙热水器可以在杜绝触电隐患的基础上达到 5 min 加热，满足 15 min 热水需求等。

家用电器智能控制设计要根据室内家用电器的分布，设计安装好智能电源插座和普通电源插座。利用智能手机 App 实现家用电器的控制，如热水器、电饭煲、电动窗帘等可安装智能电源插座；采用红外线转发器控制的家用电器或语音控制的智能电器，如空调、电视机、洗衣机、厨房电器等可安装普通电源插座。

（三）家庭能源管控系统的设计

搭建家庭能源管控系统一般需要智能控制主机、智能插座、智能电表、智能水表、智能燃气表、智能热力表等设备，下面以三室一厅住宅为例，介绍搭建一个包括客厅、厨房、老人房、卧室以及书房的真实家居环境。

根据家居情况以及电器分布情况，选择了厨房的电磁炉、卧室的空调以及卫生间的电热水器进行设备能耗测试和组网测试。如在室内各房间安装智能插座，在客厅安装无线路由器控制主机，在入户处安装智能电表等设备，在室外可以通过手机或平板电脑对系统进行管控。

第三节　人工智能技术在智能家居中的应用实践

一、人工智能技术概述

（一）人工智能的定义

人工智能（Artificial Intelligence，AI）是一门研究、开发用于模拟、延伸和扩展人的智能的理论、方法、技术及应用系统的新的技术科学。

人工智能是计算机科学的一个分支，它企图了解智能的实质，并生产出一种新的能以人类智能相似的方式做出反应的智能机器，该领域的研究包括机器人、语言识别、图像识别、自然语言处理和专家系统等。人工智能从诞生以来，理论和技术日益成熟，应用领域也不断扩大，可以设想，未来人工智能带来的科技产品，将会是人类智慧的“容器”。人工智能可以对人的意识、思维的信息过程的模拟。人工智能不是人的智能，但能像人那样思考、也可能超过人的智能。

人工智能是一门极富挑战性的科学，从事这项工作的人需要具备计算机、心理学和哲学等知识。人工智能是包括十分广泛的科学，它由不同的领域组成，如机器学习，计算机视觉等。总的来说，人工智能研究的一个主要目标是使机器能够胜任一些通常需要人类智慧才能完成的复杂工作。但不同的时代、不同的人对这种“复杂工作”的理解是不同的。

用来研究人工智能的主要物质基础以及能够实现人工智能技术平台的机器就是计算机，人工智能的发展历史是和计算机科学技术的发展史联系在一起的。除了计算机科学以外，人工智能还涉及信息学、控制学、自动化、仿生学、生物学、心理学、数理逻辑、语言学、医学和哲学等多门学科。

（二）人工智能的应用领域

近年来，人工智能的应用领域很多，它能替代人所不擅长的工作，比如说长时间的疲劳劳动，长时间需要肉眼识别的工作，另外还包括更多的智能化领域，在这些领域需要人工智能帮助提高设备和机器的能力。目前“AI+”已经成为公式，发展至今，人工智能主要在制造、家居、金融、零售、交通、安防、医疗、物流、教育等行业中有广泛的应用。

1. 制造

随着工业制造4.0时代的推进，传统制造业对人工智能的需求开始爆发。人工智能在制造业的应用主要有3方面：首先是智能装备，包括自动识别设备、人机交互系统、工业机器人以及数控机床等设备；其次是智能工厂，包括智能设计、智能生产、智能管理以及集成优化等方面；最后是智能服务，包括大规模个性化定制、远程运维以及预测性维护等服务模式。虽然目前人工智能的解决方案尚不能完全满足制造业的需求，但作为一项通用性技术，人工智能与制造业的融合是大势所趋。

2. 家居

智能家居主要是基于物联网技术，通过智能硬件、软件系统、云计算平台构成一套完整的家居生态圈。用户可以进行远程控制设备，设备间可以互联互通，并进行自我学习等，为用户提供安全、节能、便捷、整体优化的家居环境。将人工智能技术与家居生活深度融合将产生巨大经济效益和社会价值，越来越多的企业已经开始尝试研发并推广人工智能家居产品。在国外，智能家居领域人工智能的应用首先是亚马逊的 Echo 智能音箱，该音箱除了播放音乐外，还具备语音助理、智能家居中控等“技能”。用户无须操作某个按钮，只通过简单的语音指令，就可以通过音箱播放音乐、查询新闻和天气信息、控制智能家居设备等。全球范围内，人工智能在家居领域主要有以下 5 大典型应用。

（1）人工智能技术打造智能家电。通过人工智能技术丰富家用电器的功能，对家电进行智能化升级，并为各种音乐类智能辅助设备提供智能服务。这种应用模式是目前最被智能家居市场广泛接受的模式。

（2）人工智能技术助力家居智能控制平台。通过开发完整的智能家居控制系统或控制器，使得居住者能够智能控制室内的门、窗和各种家用电子设备，此类型的人工智能应用模式是大型互联网科技公司在智能家居领域角逐的主赛场。

（3）人工智能技术助推绿色家居。主要通过智能传感器、监测技术和云端数据库等智能调节家中的水、电和煤气等资源的开关，并监控居室外花园的水资源和土壤资源使用情况，达到居室能源绿色高效利用和低碳节能环保的目的。

（4）人工智能技术助力家庭安全和监测。通过利用人工智能传感器技术保障用户自身和家庭的安全，对用户自身健康、幼儿和宠物进行监测，此类型的人工智能应用模式数量最多。

（5）人工智能应用于家居机器人。人工智能在家居机器人中的成熟形态包括陪护、保洁、对话聊天等场景，部分企业也开始尝试功能更丰富的智能家居机器人。

3. 金融

人工智能在金融领域的应用主要包括：智能获客、身份识别、大数据风控、智能投顾、智能客服、金融云等，该行业也是人工智能渗透最早、最全面的行业。未来人工智能也将持续带动金融行业的智能应用升级和效率提升。例如第四范式开发的一套 AI 系统，不仅可以精确判断一个客户的资产配置，还能进行清晰的风险评估，以及智能推荐产品给客户，将转化率提升65%。很多金融行业的应用，都可以作为人工智能金融行业落地的典型案例。

4. 零售

人工智能在零售领域的应用已经十分广泛，无人便利店、智慧供应链、客流统计、无人仓库、无人车等都是的热门方向。京东自主研发的无人仓库采用大量智能物流机器人进行协同与配合，通过人工智能、深度学习、图像智能识别、大数据应用等技术，让工业机器人可以进行自主的判断和行为，完成各种复杂的任务，在商品分拣、运输、出库等环节实现自动化。图普科技则将人工智能技术应用于客流统计，通过人脸识别客流统计功能，门店可以从性别、年龄、表情、新老顾客、滞留时长等维度建立到店客流用户画像，为调整运营策略提供数据基础，帮助门店运营从匹配真实到店客流的角度提升转换率。

5. 交通

智能交通系统（Intelligent Transportation System，ITS）是通信、信息和控制技术在交通系统中集成应用的产物。ITS 应用最广泛的国家和地区是日本，其次是美国、欧洲等地区。目前，我国在 ITS 方面的应用主要是通过对交通中的车辆流量、行车速度进行采集和分析，可以对交通进行实时监控和调度，有效提高通行能力、简化交通管理、降低环境污染等。

6. 医疗

目前，在垂直领域的图像算法和自然语言处理技术已可基本满足医疗行业的需求，市场上出现了众多技术服务商，例如提供智能医学影像技术的德尚韵兴，研发人工智能细胞识别医学诊断系统的智微信科，提供智能辅助诊断服务平台的若水医疗，统计及处理医疗数据的易通天下等。例如由科大讯飞与清华大学联合研发的“智医助理”，拥有比较完备的医学知识体系，并在一定程度上具备了自主学习和运用医学知识解决医学相关问题的能力。它以高分通过了临床执业医师综合笔试评测，是全球首个通过国家临床执业医师综合笔试测试的智能医学机器人。“智医助理”机器人将致力于辅助医生进行临床诊疗，成为医生临床工作中的得力助手，并走入医院、社区、家庭等环境为病人服务。

7. 安防

安防领域涉及的范围较广，小到关系个人、家庭，大到跟社区、城市、国家安全息息相关。智能安防也是国家在城市智能化建设中投入比重较大的项目，截至当前，安防监控行业的发展经历了四个发展阶段，分别为模拟监控、数字监控、网络高清和智能监控时代，每一次行业变革，都得益于算法、芯片和零组件的技术创新，以及由此带动的成本下降。

社区智能安防系统包括可视对讲子系统、视频监控子系统、智能家居子系统、报警子系统、出入口管理子系统和综合管理平台。其中视频监控子系统是社区智能安防建设中的重点，它可以对社区内指定的监视点进行实时监控。视频监控子系统主要由高清网络摄像机、网络传输设备、网络硬盘录像机、管理服务器和监控显示系统 5 部分组成。视频监控系统通过前端设备采集视频图像，通过视频传输系统能在监控中心的显示设备上集中显示，同时具备多画面监视、轮巡等功能，能够体现监控信息与其物理位置的对应关系，实现对社区内外环境的实时监控。并实现录像存储功能、录像回放查询、动态监测功能需求、多系统联动功能等，提高了社区的整体安全防范能力。

8. 教育

科大讯飞、乂学教育等企业早已开始探索人工智能在教育领域的应用。通过图像识别，可以进行机器批改试卷、识题答题等；通过语音识别可以纠正、改进发音；而人机交互可以进行在线答疑解惑等。AI 和教育的结合一定程度上可以改善教育行业师资分布不均衡、费用高昂等问题，从工具层面给师生提供更有效率的学习方式。人工智能把人类智力变成机器智能，可以逐步地把教育从服务业变成信息行业。这些年来在线教育领域，涌现了很多模式，如录播课、MOOC（大型开放式网络课程）、题库、直播、在线真人一对一等。

9. 物流

物流行业通过利用智能搜索、推理规划、计算机视觉以及智能机器人等技术在运输、仓储、配送装卸等流程上已经进行了自动化改造，能够基本实现无人操作。比如利用大数据对商品进行智能配送规划，优化配置物流供给、需求匹配、物流资源等。目前物流行业大部分人力分布在“最后一公里”的配送环节，京东、苏宁、菜鸟争先研发无人车、无人机，力求抢占市场先机。

（三）我国人工智能产业发展趋势

从人工智能产业进程来看，技术突破是推动产业升级的核心驱动力。数据资源、运算能力、核心算法共同发展，掀起了人工智能的第三次新浪潮。人工智能产业正处于从感知智能向认知智能的进阶阶段，前者涉及的智能语音、计算机视觉及自然语言处理等技术，已具有大规模应用基础，但后者要求的“机器要像人一样去思考及主动行动”仍尚待突破。诸如无人驾驶、全自动智能机器人等仍处于开发中，与大规模应用仍有一定距离。

1. 智能服务呈现线下和线上的无缝结合

分布式计算平台的广泛部署和应用，增大了线上服务的应用范围。同时人工智能技术的发展和产品不断涌现，如智能家居、智能机器人、自动驾驶汽车等，为智能服务带来新的渠道或新的模式，使得线上服务与线下服务的融合进程加快，促进多产业升级。

2. 智能化应用场景从单一向多元发展

目前人工智能的应用领域还多处于专用阶段，如人脸识别、视频监控、语音识别等都主要用于完成具体任务，覆盖范围有限，产业化程度有待提高。随着智能家居、智慧物流等产品的推出，人工智能的应用终将进入面向复杂场景，处理复杂问题，提高社会生产效率和生活质量的新阶段。

3. 人工智能和实体经济深度融合进程将进一步加快

党的十九大报告提出“推动互联网、大数据、人工智能和实体经济深度融合”，一方面，随着制造强国建设的加快将促进人工智能等新一代信息技术产品的发展和应用，助推传统产业转型升级，推动战略性新兴产业实现整体性突破。另一方面，随着人工智能底层技术的开源化，传统行业将有望加快掌握人工智能基础技术并依托其积累的行业数据资源实现人工智能与实体经济的融合创新。

二、语音识别技术

（一）简介

语音识别技术（Auto Speech Recognize，ASR）要解决的问题是让计算机能够“听懂”人类的语音，将语音中包含的文字信息提取出来。语音识别是一门涉及面很广的交叉学科，它与声学、语音学、语言学、信息理论、模式识别理论以及神经生物学等学科都有非常密切的关系。语音识别技术正逐步成为计算机信息处理技术中的关键技术，语音技术的应用已经成为一个具有竞争性的新兴高技术产业。

作为智能计算机研究的主导方向和人机语言通信的关键技术，语音识别一直受到各国科学界的广泛关注。如今，随着语音识别技术的研究的突破，其对计算机发展和社会生活的重要性日益凸显出来。在现实生活中，语音识别技术的应用相当广泛，它改变了人与计算机交互的方式，使计算机更加智能。和键盘输入相比，语音识别更符合人的日常习惯；使用语音控制系统，相比手动控制，语音识别更加方便快捷，可以用在工业控制、智能家电等设备；通过智能对话查询系统，企业可以根据用户的语音进行操作，为用户提供自然、友好的数据检索服务。

语音识别技术的应用可以分为两个发展方向：一个方向是大词汇量连续语音识别系统主要应用于计算机的听写机，以及与电话网或者互联网相结合的语音信息查询服务系统，这些系统都是在计算机平台上实现的；另外一个重要的发展方向是小型化、便携式语音产品的应用，如汽车设备的语音控制、智能玩具、家电遥控等方面的应用，这些应用系统大都使用专门的硬件系统实现，特别是近几年来迅速发展的语音信号处理专用芯片和语音识别片上系统的出现。

（二）基本原理

语音识别系统其实质是一种模式识别系统，包括特征提取、模式匹配、参考模式库三个基本单元。

未知语音经过话筒变换成电信号后加入识别系统的输入端，首先经过预处理，再根据人的语音特点建立语音模型，对输入的语音信号进行分析，并抽取所需的特征，在此基础上建立语音识别所需的模板。而计算机在识别过程中要根据语音识别的模型，将计算机中存放的语音模板与输入的语音信号的特征进行比较，根据一定的搜索和匹配策略，找出一系列最优的与输入语音匹配的模板。然后根据此模板的定义，通过查表就可以给出计算机的识别结果。显然，这种最优的结果与特征的选择、语音模型的好坏、模板是否准确都有直接的关系。

语音识别模块是一种基于嵌入式的语音识别技术的模块，主要包括语音识别芯片和一些其他的附属电路，能够方便与主控芯片进行通信，开发者可以方便地将该模块嵌入到自己的产品中使用，实现语音交互的目的。

例如科大讯飞研发的语音识别芯片 LD3320，它是一颗基于非特定人语音识别技术的语音识别/声控芯片。LD3320 芯片上集成了高精度的 A-D 和 D-A 接口，不再需要外接辅助的 Flash 和 RAM，即可以实现语音识别/声控/人机对话功能。

它的主要特色功能有以下几点。

（1）非特定人语音识别技术，不需要用户进行录音训练。

（2）可动态编辑的识别关键词语列表，只需要把识别的关键词语以字符串的形式传送进芯片，即可以在下次识别中立即生效。比如，用户在 51 等 MCU 的编程中，简单地通过设置芯片的寄存器，把诸如“你好”这样的识别关键词的内容动态地传入芯片中，芯片就可以识别这样设定的关键词语了。

（3）支持用户自由编辑 50 条关键词语条，在同一时刻，最多在 50 条关键词语中进行识别，终端用户可以根据场景需要，随时编辑和更新这 50 条关键词语的内容。

（4）内置高精度 A-D 和 D-A 通道，不需要外接 A-D 芯片，只需要把麦克风接在芯片的 A-D 引脚上，就可以播放声音文件，并提供 550 mW 的内置放大器。

（5）真正单芯片解决方案，不需要任何外接的辅助 Flash 和 RAM，降低系统成本。

（三）主要应用

1. 应用在日常生活

语言交流是人与人之间最直接有效的交流沟通方式，语音识别技术就是让人与机器之间也能达到简单高效的信息传递。目前，语音识别技术已经深入日常生活的方方面面，比如手机上使用的语音输入法、语音助手、语音检索等应用；智能可穿戴设备、智能车载设备也越来越多地出现一些语音交互的功能，这里面的核心技术就是语音识别；而一些传统的行业应用也正在被语音识别技术颠覆，比如医院里使用语音进行电子病历录入，法庭的庭审现场通过语音识别分担书记员的工作，此外还有影视字幕制作、呼叫中心录音质检、听录速记等行业需求都可以用语音识别技术来实现。

在语音输入控制系统中，它使得人们可以抛开键盘，通过识别语音中的要求、请求、命令或询问来做出正确的指令，这样既可以解决人工键盘输入速度慢而且容易发生错误的问题，又有利于缩短系统的反应时间，使人机交流变得更便利，真正地带领人们走入智能化时代。比如现在用得比较多的声控语音拨号系统、声控智能玩具、声控智能家电等领域。在智能对话系统中，用户可以通过口头上的命令输出，方便快捷地从远端的数据库系统中查询与提取有关信息，更轻松地享受数据库检索服务。

语音识别技术还可以应用于自动口语翻译，即通过口语识别技术、机器翻译、语音合成技术等相结合，将一种语音转换成另一种语音，解决跨语言的障碍。而实际上，很多出国旅行的人都会携带一款这样的智能翻译设备，甚至有些手机软件就能完成这些功能，可以说极大地方便了人们的生活，让出国旅游更便利。

2. 应用在军事领域

语音识别技术在军事运用领域里同样有着重要的应用价值和极其广阔的应用空间。一些语音识别技术就是着眼于军事活动而研发，并在军事领域首先应用、首获成效的，军事应用对语音识别系统的识别精度、响应时间以及系统的稳定性都有着极高的要求。目前，语音识别技术已在军事指挥和指挥自动化方面得以应用。比如：将语音识别技术应用于航天航空飞行控制，可快速提高作战效率和减轻飞行员的工作负担，飞行员利用语音输入来代替传统的手动操作和控制各种设备和开关，以及改编或排列显示器上的显示信息等，可使飞行员把时间和精力集中用于对攻击目标的判断和完成其他操作，以便获得信息来发挥战术优势。

3. 应用在智能家居领域

在智能家居领域中有智能语音助手、智能音箱、服务机器人、智能电视等智能化产品成为现阶段搭载语音识别技术和自然语言处理技术的载体，作为潜在的智能家居入口。智能语音助手、智能音箱、服务机器人和智能电视等产品在提供原有服务的同时，接入更多的移动互联网服务，并实现对其他智能家居产品的控制。这些产品为付费内容、第三方服务、电商等资源开拓了新的流量入口，用户多方数据被记录分析，厂商将服务嫁接到生活中不同的场景中，数据成为基础，服务更为人性化。

（1）Alexa 语音助手

亚马逊推出的 Alexa 语音助手是云计算和人工智能结合的一个典范应用，它可以帮助用户控制智能家居设备等。Alexa 语音助手的语音识别部分归功于云端的海量数据，因为人工智能的实现需要海量数据的支持。另外，Alexa 语音助手还集成了增强学习等技术。

TCL 集团生产的 Alexa 语音助手电视机采用旗下 Audio Smart@远场语音（FFV）技术，实现语音控制。Audio Smart 技术将语音信号与背景噪声分离，仅处理人类语音，从而提供卓越的识别准确性。Audio Smart 为各类主要自动语音识别（ASR）服务提供卓然出众的终端用户体验。其不间断语音识别技术通过全双工声学回声消除功能实现，该功能可检测设备的“唤醒字”，即使存在电视或音乐播放等其他声音，也可识别用户请求。

（2）大鱼管家

下面以深圳市彩易生活科技有限公司（大鱼管家）物联网语音音箱为例，介绍语音控制在智能家居的应用。在第四届中国智慧家庭博览会上，大鱼管家联合百度推出了百度四麦语音音箱，该语音音箱内置物联网系统和红外发射功能，采用君正 X1800 应用处理器，集成内部 DDR 和 DSP，具有高性能、低功耗、超低成本的特点。在 DuerOS 强大后台支持下，实现全网中文数据内容搜索，满足 5 m 远场语音交互和多轮对话需求，是业界最完整的中文语音交互解决方案之一。该语音音箱支持 384 K/32 bit 高保真 Hi-Fi 音质，支持频率 100 Hz、32 位 LED 点阵灯效设计。

该语音音箱能够控制家中所有的智能家电，包括了空调、电视、插座、窗帘、加湿器、灯具等。早上起床的时候，只要对着音箱说一声："小度，小度，请打开窗帘"，窗帘就会缓慢拉开；坐在沙发上只要对着音箱说一声："小度，小度，将空调温度调到 26 ℃"，空调就会自动将温度调到 26 ℃；只要对着音箱说一声："小度，小度，把台灯调到红色"，台灯光就会调到红色。总而言之智能音箱将成为智能家居的中控主机。

该语音音箱除语音控制外，还可手势控制或下载 App 后用手机控制。

（3）家居服务机器人

家居服务机器人融入了视觉物视技术和人机交互技术，人们只需通过语音口令，就可以快速控制家电。如用户对着服务机器人说话，服务机器人即可进行智能辨识并给空调发出指令实现自动开关机、调温，以及开启省电、自清扫、换气、除甲醛等各类特殊模式；或给电视机发出指令，实现开关电视、换台、调整亮度、播放指定节目等，非常方便。服务机器人除了可以控制家电之外，还能为人们提供日常安保、网上购物、医生预约等十多项定制服务。这不仅大大提高了产品人机互动的智能程度，更有望带动智能家居的发展，使之成为家居行业增长的新引擎。在上海国际智能家居展览会（SSHT）上，艾特智能家居展示出酷宝机器人，该机器人可以作为家居智能控制中心，通过语音控制家中所有的电器；它又是家中的安防员，当家中出现险情时，能及时报警并录音录像；即使主人在外地，也可以随时随地连线机器人，通过高清摄像头、IPS 屏幕、多媒体音箱及机器人身体的互动实现对家人的陪伴；它可以陪人聊天解闷，还会唱歌、跳舞、讲故事、讲笑话等。

三、人脸识别技术

（一）简介

人脸识别技术，是基于人的脸部特征信息进行身份识别的一种生物识别技术。用摄像机或摄像头采集含有人脸的图像或视频流，并自动在图像中检测和跟踪人脸，进而对检测到的人脸进行脸部的一系列相关技术，通常也叫做人像识别、面部识别。传统的人脸识别技术主要是基于可见光图像的人脸识别，这也是人们熟悉的识别方式。简单来说就是让计算机“认出你是谁”的过程。

人脸识别技术主要是通过对人脸图像特征的提取与对比来进行的。人脸识别系统将提取的人脸图像的特征数据与数据库中存储的特征模板进行搜索匹配，通过设定一个阈值，当相似度超过这一阈值，则把匹配得到的结果输出。将待识别的人脸特征与已得到的人脸特征模板进行比较，根据相似程度对人脸的身份信息进行判断。

人脸与人体的其他生物特征（指纹、虹膜等）一样与生俱来，它的唯一性和不易被复制的良好特性为身份鉴别提供了必要的前提。

与其他类型的生物识别比较人脸识别具有以下特点。

（1）非强制性：用户不需要专门配合人脸采集设备，几乎可以在无意识的状态下就可获取人脸图像，这样的取样方式没有“强制性”。

（2）非接触性：用户不需要和设备直接接触就能获取人脸图像。

（3）并发性：在实际应用场景下可以进行多个人脸的分拣、判断及识别。

除此之外，还符合视觉特性，即“以貌识人”的特性，以及操作简单、结果直观、隐蔽性好等特点。

人脸识别一般有广义人脸识别和狭义人脸识别之分，广义的人脸识别实际包括构建人脸识别系统的一系列相关技术，包括人脸图像采集、人脸定位、人脸识别预处理、身份确认以及身份查找等；而狭义的人脸识别特指通过人脸进行身份确认或者身份查找的技术或系统。

近年来，随着科学技术的不断发展和进步，人脸识别技术也日益趋向成熟。越来越多的地方开始使用人脸识别技术来进行考勤管理和安全控制。如在企业内安装人脸识别门禁的考勤系统，方便员工打卡签到，优化了企业考勤管理。同时还配以活体检测技术，通过抬头、低头或念一串文字等面部动作，来判定检测对象是否为活体。因此，普通人根本无法通过照片、面具等工具来欺骗系统，意图“蒙混打卡”。

另外在社会公共安全防范、刑侦、技侦、网络安全、金融安全等诸多领域，动态人脸识别技术发挥着独有的不可替代的作用。如地铁站里的智能安防管理系统就是基于动态人脸识别而完成的。在地铁站里的各个出入口安装摄像头，将行人的脸部信息输入到后台计算机中，这样的话，一旦抓拍到的行人脸部信息和计算机端的犯罪嫌疑人的人脸信息匹配成功，就可以锁定嫌犯。

（二）基本原理

人脸识别系统主要由 4 部分组成，即人脸图像采集及检测、人脸图像预处理、人脸图像特征提取以及人脸图像匹配与识别。

1. 人脸图像采集及检测

不同的人脸图像都能通过摄像镜头采集下来，比如静态图像、动态图像、不同的位置、不同表情等方面都可以得到很好的采集。当用户在采集设备的拍摄范围内时，采集设备会自动搜索并拍摄用户的人脸图像。

人脸检测主要是过滤掉人脸图像中无关部分的信息，即在图像中准确标定出人脸的位置和大小，用于人脸识别的预处理。人脸图像中包含的模式特征十分丰富，如直方图特征、颜色特征、模板特征、结构特征及 Haar 特征等。人脸检测就是把这其中有用的信息挑出来，并利用这些特征实现人脸检测。

在人脸检测环节中，主要关注检测率、漏检率、误检率三个指标，其中检测率是指存在人脸并且被检测出的图像在所有存在人脸图像中的比例；漏检率是指存在人脸但是没有检测出的图像在所有存在人脸图像中的比例；误检率是指不存在人脸但是检测出存在人脸的图像在所有不存在人脸图像中的比例。

2. 人脸图像预处理

人脸图像预处理是基于人脸检测结果，对图像进行处理并最终服务于特征提取的过程。系统获取的原始图像由于受到各种条件的限制和随机干扰，往往不能直接使用，必须在早期阶段对它进行灰度校正、噪声过滤等图像预处理。对于人脸图像而言，其预处理过程主要包括人脸图像的光线补偿、灰度变换、直方图均衡化、归一化、几何校正、滤波以及锐化等。

3. 人脸图像特征提取

人脸识别系统可使用的特征通常分为视觉特征、像素统计特征、人脸图像变换系数特征、人脸图像代数特征等。人脸特征提取就是针对人脸的某些特征进行的。人脸特征提取，也称人脸表征，它是对人脸进行特征建模的过程。人脸特征提取的方法归纳起来分为两大类：一类是基于知识的表征方法；另一类是基于代数特征或统计学习的表征方法。

基于知识的表征方法主要是根据人脸器官的形状描述以及他们之间的距离特性来获得有助于人脸分类的特征数据，其特征分量通常包括特征点间的欧氏距离、曲率和角度等。人脸由眼睛、鼻子、嘴、下巴等局部构成，对这些局部和它们之间结构关系的几何描述，可作为识别人脸的重要特征，这些特征称为几何特征。基于知识的人脸表征主要包括基于几何特征的方法和模板匹配法。

4. 人脸图像匹配与识别

提取的人脸图像的特征数据与数据库中存储的特征模板进行搜索匹配，通过设定一个阈值，当相似度超过这一阈值，则把匹配得到的结果输出。人脸识别就是将待识别的人脸特征与已得到的人脸特征模板进行比较，根据相似程度对人脸的身份信息进行判断。这一过程又分为两类：一类是确认，是一对一进行图像比较的过程；另一类是辨认，是一对多进行图像匹配对比的过程。

（三）主要应用

1. 人脸识别与视频监控系统

视频监控系统在智能家居系统中一直扮演着一个重要的角色。视频监控系统经历过多个阶段的发展，但是它一直存在一个缺陷，那就是对于监控视频内的内容只能通过人工来进行判断。尽管现在的摄像头技术突飞猛进，有的可以局部放大并且不影响像素，有的有夜视功能，有的可以锁定可疑对象实现镜头移动，但是这些最终的判断还是要取决于人。也就是说，视频监控系统自身的“事后处理”能力并不是那么强大，不能充分发挥安防系统的主动性。基于生物特征识别技术的人脸识别视频监控系统的出现是智能家居安防系统发展的一大标志。智能人脸识别视频监控系统能够识别不同的物体或生物，发现监控画面中的异常情况，并能够以最快的速度执行最佳的方案，例如发出警报、鸣笛，或是向用户推送警报信息等，从而能够更加有效的协助安全人员处理危机，并最大限度地降低误报和漏报的概率。

人脸识别视频监控系统由四大核心部分组成：视频处理中心、人脸对比系统、黑名单数据库、安防报警系统。视频处理中心也称人脸捕获工作站，其功能是在监控视频中发现人脸，评估图像质量并提交给人脸识别系统进行对比；人脸对比系统将从处理中心收到的信息进行再一步处理，提取出特征模板并与黑名单数据库中的数据进行对比；黑名单数据库建立模板并将模板数据加入数据库；最后安防报警系统根据对比结果传递给用户的智能终端并发出警报。

2. 人脸识别与智能门禁系统

智能门禁系统是一种非常重要的安全防护管理系统，常规的智能门禁系统包含了智能门锁、智能猫眼、智能摄像头以及智能传感器等。随着人脸识别技术的成熟，越来越多的门禁系统中加入了人脸识别技术，形成了新型的人脸门禁系统。其主要通过人脸来进行判断，确定来访人员是否能够被允许进入，全面提升控制开关的安全性。用户在使用前都会将自己的脸部模型注册进门禁系统并激活，每次使用时，人脸识别扫描结果与数据库里的模板进行对比，匹配的话就会允许放行，而如果是“不认识”的脸则会根据情况采取后续措施。智能门禁系统中一般会配置智能红外传感器。智能红外传感器可以实时感应到检测范围内的人或动物的移动，并将信息反馈到智能网关或者其他智能终端处。当智能门禁系统中的红外感应侦测到红外线信号时，就会发送一个警报给人脸识别系统，然后人脸识别系统进行识别、确认，判断人员是否具有进入的权利。对于不具备合法进入的“面生”的人，门禁系统会发出语音提示，如果警告之后，仍然有不合法侵入则会发出警报，并将信息推送至用户手机，然后报警。

人脸识别智能门禁控制系统主要是由前端的信息采集部分以及后台的识别系统组成。前者主要是采集人脸信息，根据最终的反应情况做出警示；后者的作用是进行人脸图像识别，合理地进行定位和采集，然后通过系统内部的串口将识别后的信息发送到采集系统中。

如移康智能安防科技与天猫精灵联合定制的智能猫眼叮咚 T1，在智能识别、图像处理、智能侦测、云技术 4 大核心技术的基础上进一步提升，加入人脸识别与语音识别技术。进一步丰富了猫眼的应用环境，为家庭入户安全增添新的防护模式。

智能猫眼——叮咚 T1 的人脸识别技术采用了阿里人脸识别算法，能够快速识别访客身份。由猫眼摄像头的 PIR 系统感应、抓拍，随后图片被传输到云服务器，经过阿里人脸识别算法的确认分析，访客的身份信息会在第一时间被用户获悉。只需在叮咚 App 上对不同人的相片进行分组，设置为类似家人，快递师傅，邻居等分类。当已分组的熟人出现在家门外时，手机 App 会自动分组并提示。

3. 人脸识别与智能家用机器人

人脸识别技术的陪伴应用，目前已经出现的主要体现在一些家用的机器人的功能上。陪伴机器人已经出现在很多有小朋友的家庭中了，尤其是双职工的家庭，孩子放假在家，有一款陪伴机器人，从娱乐性、学习教育性或是安全性上来讲都是有益无害的。目前市面上有一些陪伴机器人已经安装了摄像头和内置了人脸识别技术。无论大人或小孩，都可以通过“刷脸”的方式启动机器人，机器人根据摄像头前出现的用户的脸，自动识别并调整应对的语音、语气、程序等。比如，如果沟通的为 5 岁的小朋友，机器人则会自动调整对话语音模拟孩子的交流方式，并选择给 5 岁小孩提供的内容；而识别出沟通的对方是家长，则可以开放更高权限的设置、查看记录等功能；如果沟通的老年人，则可以提供健康方面的需求，如测量心率、血压等。从陪伴的角度来说，家中无论是有小孩还是老年人，通过人脸识别技术都能让陪伴机器人迅速识别并提供相对应的陪伴内容，无须用户手动选择并设定不同的程序，给用户减少了很多的操作麻烦。

四、指纹识别技术

（一）简介

指纹是指人的手指末端正面皮肤上凸凹不平产生的纹线。纹线有规律的排列形成不同的纹型。纹线的起点、终点、结合点和分叉点，称为指纹的细节特征点。特征点提供了指纹唯一性的确认信息，其中最典型的是终结点和分叉点，其他还包括分歧点、孤立点、环点、短纹等。特征点的参数包括方向（节点可以朝着一定的方向）、曲率（描述纹路方向改变的速度）、位置（节点的位置通过 x、y 坐标来描述，可以是绝对的，也可以是相对于三角点或特征点的）。

指纹的总体特征是指那些用人眼直接就可以观察到的特征。包括纹形、模式区、核心点、三角点和纹数等。

指纹专家在长期实践的基础上，根据脊线的走向与分布情况一般将指纹的纹形分为环形（又称斗形）、弓形、螺旋形 3 大类。

模式区即指纹上包括了总体特征的区域，从此区域就能够分辨出指纹是属于哪一种类型的。有的指纹识别算法只使用模式区的数据，有的则使用所取得的完整指纹。核心点位于指纹纹路的渐进中心，它在读取指纹和比对指纹时作为参考点。许多算法是基于核心点的，即只能处理和识别具有核心点的指纹。三角点位于从核心点开始的第一个分叉点或者断点，或者两条纹路会聚处、孤立点、折转处，或者指向这些奇异点，三角点提供了指纹纹路的计数跟踪的开始之处。纹数，即模式区内指纹纹路的数量，在计算指纹的纹路时，一般先连接核心点和三角点，这条连线与指纹纹路相交的数量即可认为是指纹的纹数。

指纹的局部特征是指纹节点的特征。指纹的纹路并不是连续、平滑笔直的，经常会出现分叉、折转或中断。这些交叉点、折转点或断点称为“特征点”，它们提供了指纹唯一性的确认信息。

指纹识别作为生物特征识别的一种，在身份识别上有着其他手段不可比拟的优越性。这是因为人的指纹具有唯一性和稳定性的特点。随着指纹传感器性能的提高和价格的降低，指纹的采集相对容易，指纹的识别算法已经较为成熟。由于指纹识别的诸多优点，指纹识别技术已经逐渐走入日常生活中，成为目前生物检测学中研究最深入，应用最广泛，发展最成熟的技术。

（二）基本原理

指纹识别是指通过比较不同指纹的细节特征点来进行人的身份鉴别。指纹识别技术涉及图像处理、模式识别、计算机视觉、数学形态学、小波分析等众多学科。由于每个人的指纹不同，就是同一人的十指之间，指纹也有明显区别，因此指纹可用于身份鉴定。由于每次捺印的方位不完全一样，着力点不同会带来不同程度的变形，又存在大量模糊指纹，如何正确提取特征和实现正确匹配，是指纹识别技术的关键。

两枚指纹经常会具有相同的总体特征，但它们的局部特征（即特征点）却不可能完全相同。因此，指纹识别技术通常使用指纹的总体特征如纹形、三角点等来进行分类，再用局部特征如位置和方向等来进行识别用户身份。通常，首先从获取的指纹图像上找到“特征点”，然后根据特征点的特性建立用户活体指纹的数字表示——指纹特征数据（一种单向的转换，可以从指纹图像转换成特征数据，但不能从特征数据转换成为指纹图像）。由于两枚不同的指纹不会产生相同的特征数据，所以通过对所采集到的指纹图像的特征数据和存放在数据库中的指纹特征数据进行模式匹配，计算出它们的相似程度，最终得到两枚指纹的匹配结果，根据匹配结果来鉴别用户身份。

总之，指纹识别技术首先通过读取指纹图像，然后用计算机识别软件提取指纹的特征数据，最后通过匹配识别算法得到识别结果。

1. 获取指纹图像

获取指纹图像一般通过专门的指纹传感器，指纹识别传感器根据信号的采集方式又可分为划擦式和接触式（面阵式）两种。划擦式（又称滑动式或刮擦式）指纹识别传感器，将手指从传感器上划过，系统就能获得整个手指的指纹。其宽度只有 5 mm 左右，面积只有手指的 1/5，手指按压上去时，无法一次性采集到完整图像。在采集时需要手指划过采集表面，对手指划过时采集到的每一块指纹图像进行快照，这些快照再进行拼接，才能形成完整的指纹图像；接触式（一般称为面阵式）指纹识别传感器，手指平放在设备上以便获取指纹图像。一般为了获得整个手指的指纹，必须使用比手指更大的传感器，整个手指按压在传感器之上。

目前指纹识别传感器根据采集原理的不同，主要有光学指纹识别传感器与半导体指纹识别传感器两种，其中半导体指纹识别传感器又分为电容半导体指纹识别传感器和射频式半导体指纹识别传感器。电容半导体指纹识别传感器是瑞典 FPC 公司的一种叫法，而射频式半导体指纹识别传感器，则是美国 UPEK 公司的说法。

光学指纹识别传感器是利用光的折射和反射原理，光从底部射向三棱镜，并经棱镜射出，射出的光线在手指表面指纹凹凸不平的线纹上折射的角度及反射回去的光线明暗就会不一样。CMOS 或者 CCD 的光学器件就会收集到不同明暗程度的图片信息，就完成指纹的采集。

半导体指纹识别传感器是在一块集成有成千上万半导体器件的“平板”上，手指贴在其上与其构成了电容（电感）的另一面，由于手指平面凸凹不平，凸点处和凹点处接触平板的实际距离大小就不一样，形成的电容/电感数值也就不一样，设备根据这个原理将采集到的不同的数值汇总，也就完成了指纹的采集。

生物射频式指纹识别传感器是在电容式传感器的基础上扩展的，通过传感器本身发射出微量射频信号，穿透手指的表皮层获取里层的纹路，来获得最佳的指纹图像。可以排除手指表面的污垢、油脂干扰，指纹防伪能力强，射频识别原理只对人的真皮皮肤有反应，从根本上杜绝了人造指纹的问题。

另外，也可以通过扫描仪、数字式照相机等设备获取指纹图像。

2. 指纹图像预处理

指纹图像预处理包括指纹区域滤波、图像增强、指纹图像二值化和细化等。预处理是指对含噪声及伪特征的指纹图像采用一定的算法加以处理，使其纹线结构清晰，特征信息突出。其目的是改善指纹图像的质量，提高特征提取的准确性。

（1）图像增强（中值滤波）。由于获取的指纹图像质量不是很好，所以需要对其进行增强处理。这是指纹图像预处理过程中最核心的一步，主要是通过对受噪声影响的指纹图像去噪，同时对图像进行修复和整理，增强脊线谷线结构对比度，进一步获取更加清晰的图像。

（2）二值化处理。经过中值滤波后的指纹图像首先要进行二值化处理，变成二值图像。即将灰度图像（灰度有 255 阶）转化为只包含黑、白两个灰度的二值图像，即 0 和 1 两个值。

由于采集到的指纹图像不同区域深浅不一，如对整幅图像使用同一阈值进行二值分割，会造成大量有用信息的丢失。使用自适应局部阈值二值化处理是对每小块指纹图像，选取的阈值应尽量使该块图像内大于该阈值的像素点数等于小于该阈值的像素点数。这样使脊的灰度值趋于一致，对图像信息进行压缩，节约了存储空间，有利于指纹特征提取和匹配。

二值去噪是在指纹图像二值化处理后，再一次消除不必要的噪声，以利于辨识。

（3）指纹图像的细化。细化处理是在指纹图像二值去噪之后，在不影响纹线连通性的基础上，删除纹线的边缘像素，直到纹线为单像素宽为止，并在此基础上进行细化纹线的修复，包括断线的连接、毛刺和叉连的去除、短线和小孔的消除等。

3. 提取指纹图像特征点

指纹图像特征包括中心（上、下）和三角点（左、右）等，指纹的细节特征点主要包括纹线的起点、终点、结合点和分叉点。从预处理后的图像中提取指纹图像的特征点信息（终结点、分叉点……），信息主要包括类型、坐标、方向等参数。指纹中的细节特征，通常包括端点、分叉点、孤立点、短分叉、环等。而纹线端点和分叉点在指纹中出现的机会最多、最稳定，且容易获取。这两类特征点就可对指纹特征匹配：计算特征提取结果与已存储的特征模板的相似程度。

指纹图像特征提取的算法有很多种，主要有基于灰度图像的细节特征提取、基于曲线的特征提取、基于奇异点的特征提取、基于脊线频率的特征提取等。对指纹图像的特征点进行提取，能有效地减少伪特征点，提取准确的特征点，提高匹配速度和指纹识别性能，降低识别系统的误识率和拒真率。

有一种基于非彻底细化图像的指纹细节提取算法，它在不对纹线做任何修复处理的情况下，在细化指纹图像上直接提取原始细节特征点集，得到初步的特征提取结果；然后分析图像中存在的各类噪声及其特点，结合指纹细节特征点固有的分布规律和局部纹线方向信息，针对不同的噪声采用针对性算法，并利用伪特征点在数学形态学上的分布规律，将各类噪声引起的伪特征点分别予以删除，而将最终保留的特征点集作为真止特征点的集合。

4. 指纹图像特征点匹配

指纹图像特征点匹配是用现场采集的指纹特征与指纹库中保存的指纹特征相比较，判断是否属于同一指纹。可以根据指纹的纹形进行粗匹配，进而利用指纹形态和细节特征进行精确匹配，给出两枚指纹的相似性得分。根据应用的不同，对指纹的相似性得分进行排序或给出是否为同一指纹的判决结果。

在极坐标下进行指纹图像的特征点匹配。指纹特征匹配主要是基于细节特征值的匹配，通过对输入指纹细节特征值与存储的指纹细节特征值相比较，实现指纹识别。两者相比较时需要设立一个阈值，匹配时大于这个阈值，则指纹匹配；当匹配时小于阈值，则指纹不匹配。特征匹配是识别系统的关键环节，匹配算法的好坏直接影响识别的性能、速度和效率。

（三）主要应用

指纹识别是生物识别的应用起点，常常应用于锁具、考勤、门禁、计算机、手机、银行支付与保险柜等领域，同时也是目前最简便、最实用、应用最为成熟的识别方式之一。

在智能家居领域，目前指纹识别应用在智能指纹锁与指纹识别门禁系统，智能指纹锁在指纹识别门禁系统主要由指纹采集、指纹识别、总控制器、门闸驱动系统、红外检测、液晶显示等部分组成。红外检测模块对检测区域进行实时扫描，检测到人员进入检测区域后，发送信息至指纹采集单元进行指纹采集，指纹采集实际上就是指纹传感器；指纹识别模块主要处理接收到的指纹信息；指纹匹配是将经过处理的指纹信息与指纹存储单元内的样本指纹进行比对；比对成功，则由总控制器控制门闸驱动系统打开门闸；液晶显示屏用于显示开门记录、实时时钟等信息。

指纹识别门禁系统具有以下功能。

（1）指纹开门。用户将手指按到指纹传感器上，指纹识别模块提取指纹特征并与指纹存储器中的指纹进行比对，若指纹合法，门禁系统发出开门指令；若指纹不合法，门禁系统不发出开门指令。

（2）录入、删除指纹。录入指纹模板的功能是管理员将用户的指纹通过指纹传感器采集指纹的特征信息，将指纹特征值和对应的 ID 号存储到存储器中。当用户变更时，管理员能够将用户的指纹特征信息从存储器中删除。

（3）密码应急开门。当用户的手指出现异常情况（如手指被划伤），传感器无法采集到正确的指纹特征信息时，或者因电力不足而指纹识别模块无法正常工作时，可用密码来开门。为保证系统安全，密码开门只供管理员使用，管理员可以修改密码。为防止外来人员恶意试探密码，当连续三次输入密码错误时，系统禁止输入密码。一小时后方可重新输入密码，进而降低密码被破译的可能。

（4）浏览开门记录。当用户开门成功后，系统自动存储用户的 ID 号和开门时间（月份、日期、小时、分钟）等信息。如果出现盗窃、丢失等意外情况，管理员可以很方便地查询最近的开门记录。

（5）中文菜单和实时时钟显示。系统全部采用中文菜单显示，并能够设置和显示实时时钟，界面友好、直观、便于使用。

（6）电源自动切换。当外部供电停止时，自动切换到电池供电：外部供电恢复后，自动切换到外部供电。

第六章　智能控制技术在电网运行中的应用

第一节　智能电网

进入 21 世纪以来，新兴工业国家都面临着因人口增加、城市化、经济高速发展带来的能源供应紧张、气候变化、环境污染等问题，而发达国家则主要面临着人口老化、消费严重不足、创新乏力、电网基础设施落后等问题。因此，作为重大的能源技术变革，智能电网已成为世界上主要工业国家研究的热点和焦点。智能电网是现代科学技术、先进管理理念与传统电网的完美结合，是解决能源安全、环境保护、实现经济社会可持续发展的必然选择。

一、智能电网概述

智能电网，即电网的智能化，通过采用先进的传感测量、通信网络、自动控制、信息化、新材料等技术对传统电网进行升级改造，使之成为具有高度智能化、信息化、互动化的新一代电网。智能电网能够充分满足用户的电力需求，确保电力供应的安全性、可靠性和经济性，保证电能质量，保护环境，适应电力市场化发展，从而实现对用户可靠、经济、清洁、互动的电力供应和增值服务。

智能电网是一个完整的基础设施和体系架构，可以实现对电力客户、电力资产、电力运营的持续监督，通过信息化手段提高电网企业的管理水平、工作效率和服务水平。随着经济社会的发展，世界各国的电网规模不断扩大，影响电力系统安全运行的不确定因素和潜在风险随之增加，而用户对电力供应的安全性、可靠性以及电能质量的要求越来越高，电网发展所面临的资源和环境压力也越来越大，发展智能电网已成为全社会的共识。

（一）电网发展面临的机遇与挑战

人类进入 21 世纪以来，社会经济快速发展，电网面临良好的发展机遇，同时也面临许多挑战，影响电网发展的主要因素是全球性的能源危机和气候变化。经济社会要实现可持续发展，就必须减少对化石能源的依赖，减少城市化、工业化过程中对环境的影响，节能减排就成为可持续发展的必然要求，绿色低碳将是未来经济发展的主导模式。电网发展正面临着世界能源革命和我国改变经济发展方式的双重机遇。

1. 环境和能源

目前，我国能源供应主要依赖化石能源，由此造成的环境污染和温室气体排放等问题日益严重。随着城市化进程的加快和人口的增长，对能源的需求还将持续增加。

而对能源的过度开采和无节制消耗将使化石能源逐渐枯竭，从而可能引发局部冲突，破坏世界和平。降低对化石能源的依赖，接纳更多的清洁能源，优化资源配置是智能电网建设的首要任务。

2. 电网安全稳定运行

电力是最优质、最清洁的二次能源。因此，电力在终端能源消费中所占比例越高，经济社会发展对电力的依赖程度也就越大。现代电网的电压等级越来越高，输送距离越来越长，网络规模越来越大，使电网的安全运行与控制就变得非常复杂，发生大面积停电和重要设备损毁的风险也日益加大。如何提高电网的抗风险能力，确保电网安全可靠，是智能电网必须面对的重大挑战。

3. 市场开放与优质服务

分布式电源及储能、电动汽车的快速发展和广泛应用，对于可再生能源利用、减少化石能源消耗、降低用户用能成本具有重要的意义。可再生能源大量接入电网，能使电力交易模式发生深刻的变化，用户既可以从电网购电，也可以向电网供电。

但是，可再生能源的大量接入将使电网企业的成本增加，电动汽车的集中充电将使电网的峰谷矛盾更加突出，市场化的服务需求对电网现有的服务体系提出了更高的要求，这些都是智能电网无法回避的问题。

能源危机使电网的形态和功能定位发生了深刻的变化，对电网的发展模式、业务流程和管理体制也产生巨大的影响。加快技术创新，追求卓越管理，转变发展方式，已成为智能电网的行动目标。

（二）美国智能电网

1. 发展动因

美国的能源相对比较丰富，发展智能电网的主要动因是提高供电可靠性，避免美加“8・14”大停电事故的重演。此外，应对气候变化，摆脱对化石能源的依赖，充分利用可再生能源也是其重要的驱动力。

总体来说，美国发展智能电网的驱动力大致体现在以下六个方面。

（1）提高供电的可靠性和安全性。由于体制原因，美国没有形成全国性的电网，各区域电网发展不平衡，有的电网设备陈旧，自动化水平低，已经对电网安全稳定运行产生了极大威胁。因此，美国政府急需改造陈旧的电网基础设施，从而实现电网现代化。

（2）提高能源的利用效率和技术的先进性，充分满足用户对电力的需求。

（3）适应环境和气候的变化，降低排放量，满足环境保护的要求。据分析网的效率每提高 5%，就可以减少 5 300 万辆汽车的燃料消耗和碳排放。

（4）发展可再生能源发电，改善能源结构。美国为减少化石能源消耗，降低温室气体排放，提出要大力开发和利用风能、太阳能等可再生能源。

（5）通过能源革命带动技术创新，掌握核心技术和标准，提升美国的全球竞争力。美国国会在21世纪初通过了《能源安全与独立方案》，明确指定由美国标准技术研究院（NIST）组织协调美国智能电网标准体系的研究工作，通过制定框架、技术路线图，建立智能电网互操作工作组（SGIP），确定优先行动计划，开展一致性测试和认证等一系列工作，来加强美国在国际标准制定上的话语权。

（6）美国需要新兴产业来创造更多的就业机会。据研究，投资100亿美元建设智能电网，可创造23.9万个工作岗位。另外，太阳能等分布式可再生能源、即插即拔式电动车等行业也将创造出大量间接的"绿色就业机会"。

2. 发展战略

为了解决美国电网存在的设备陈旧老化、电网安全运行水平低、时刻受到大停电威胁等问题，同时要应对环境和气候变化带来的挑战，满足大量可再生能源接入和电动汽车广泛应用的需求，适应电力市场化和用户双向互动服务的形势，美国政府和能源行业较早地认识到要利用信息技术、新能源技术和储能技术对电网进行彻底改造，以期望建成一个高效能、低投资、安全可靠、灵活应变的电力系统。

美国的智能电网研究重点倾向于三个方面：可再生能源和用户服务、电动汽车以及电网运行控制。其中，可再生能源和用户服务方面重点研究风电、太阳能和物质能的集中/分布式发电和并网技术、储能技术、双向信息交互和电力交换技术；电动汽车方面重点研究插电式电动汽车等智能装备技术、电动汽车与电网协调云技术；电网运行控制方面重点研究传感器、向量测量装置安装应用、实时的动态全评估和控制决策分析技术。

3. 研究与实践

美国发展智能电网重点在配电和用电侧，着重推动可再生能源发展，注重商业模式的创新和用户服务水平的提升，其应用和实践项目主要包括智能电能表、AMI、配电自动化、分布式能源、储能和需求响应等。

GE 公司开展了“能源智能迈阿密”项目，主要内容为协助迈阿密州政府为城市家庭及大多数商家安装 100 万块智能电能表，通过建设 AMI 互动平台，为电力公司和运营商提供远程抄表、需求响应、分布式能源接入、电动汽车充电等服务。

南加州爱迪生（Southern California Edison，SCE）公司建造的一座屋顶太阳能设施竣工，共安装 16 300 块太阳能面板，可直接连入最近的公共电网。

美国电力科学研究院正在组织一个全面集成的、电压等级为 15 kV 的智能万用变压器（ITU）系统的开发和示范工作，该系统集成储能技术，可为电动汽车充电。据介绍，ITU 属于固态功率转换器，可根据需要将各种电压的交流电转化为直流电或者更低（或更高）电压的交流电。

美国的智能电网创新应用及实践项目还包括：

（1）“完美能源系统”项目。美国的伊利诺伊理工学院的“完美能源系统”项目正在研发一个满足消费者需求的灵活的电力系统。该项目的关键是微网技术，可以增加电网的可靠性，并使消费者成为电力市场的参与者。

（2）“超级电路”项目。在美国西弗吉尼亚州，阿勒格尼能源公司（Allegheny Energy）的“超级电路”项目将把先进的检测、控制和保护技术结合在一起，从而增强供电线路的可靠性与安全性。该电网将整合生物柴油发电、能量储存以及 AMI 和通信网络，迅速地预测、确定并帮助解决网络问题。

（3）美国圣迭戈“海滨城市微型智能电网”项目。该项目已在美国圣迭戈得到验证，它能在大规模电网发生故障时使电网与电站实现精确隔离，并在故障修复后实现网络重构，对电力输出几乎不造成影响。

该项目的目标是提高配电网馈线和变电站等关键部件的可靠性并减低高峰负荷，不管是集中发电、太阳能发电还是储能装置等都能通过 AMI 连接到变电站中去。

（4）夏威夷大学的配电管理系统平台（DIS）。该能源管理平台将让消费者实现家庭能源管理，并让发电厂的配电系统得到升级，该平台将与 AMI 相结合，实时接收用户端的需求反馈；同时，它与能源自动化系统结合，实现能源节约。

（三）欧洲智能电网

1. 发展动因

欧洲发展智能电网的主要动因是节能减排、环保、发展低碳经济和满足《京都议定书》及哥本哈根联合国国际气候大会的环保目标，其发展动因大致体现在以下三个方面。

（1）供电的安全性问题。欧洲必须大规模投资对电网进行升级改造，才能保障 4.3 亿居民的供电安全。国际能源署预计，到 2030 年，欧洲需要为电网升级改造投入约 5 000 亿欧元，其中智能电网的建设费用将占大部分。

（2）环境问题。欧盟制定新减排目标，计划于 2050 年前，在 20 世纪 90 年代的基础上，削减温室气体排放 80%。而要达到这个目标，必须建设可再生能源大规模接入的智能电网。因此，欧洲将大力发展智能电网，解决风电、太阳能接入难和成本高的问题，还要建设特高压输电网，解决可再生能源长距离传输的问题。

（3）国际市场问题。欧洲纳税人的权利意识很强，任何一笔大规模的财政支出预案都难以在短时间内获得议会通过。另外，欧洲的“反垄断”情结很浓厚，市场准入机制相当严格，这对欧洲本土的企业不利，从而导致非欧盟区的企业抢占了先机。发展智能电网，对于欧洲来说，是一个不容错失的机会。

2. 发展战略

欧盟的智能电网将能够应对日益增长的挑战和机遇，并为所有电力用户和利益相关方带来利益。它是建立在技术以用户为中心、大规模可再生能源和分布式发电接入基础上，实现电网各类用户（包括发电商和消费者等）智能接入，达到高效、可持续、经济和安全输送电力的目的。欧盟认为智能电网涉及技术、市场、商业、环境、监管框架、标准化、信息通信技术、社会需求和政府政策等内容。

由于欧洲各国电网运行模式不同，国家间电网互联不够，因此“智能电网技术论坛”发布《欧洲未来电网战略部署文件》最终版本，协调欧洲各国智能电网的发展规划，明确指出节能减排、环保统筹、低碳经济是欧洲智能电网发展的主要动因；实现绿色电力是欧洲智能电网建设的重要目标，即达到温室气体排放减少 20%，可再生能源利用占到 20%，能源利用效率提高 20%；强调欧洲智能电网建设应更加关注可再生能源和分布式电源的接入，带动整个行业发展模式的转变。

欧盟推出的“欧洲智能电网技术框架”研究报告也全面阐述了智能电网的发展理念和思路，未来的智能电网将能源与信息充分融合，以期望获取在供电可靠性、可再生能源接入、终端用户能效和双向互动服务等方面的巨大收益。

3. 研究与实践

欧洲在电网智能化方面的研究更加关注可再生能源接入和分布式发电。风能、太阳能和生物质能可再生能源发展是欧盟能源政策的基本思路。欧洲电网输配电网络较为发达，有充足的电力供应，有利于商业化运营；分布式发电技术为欧洲丰富的天然气资源和成熟的市场化运作提供了先进的技术手段。

欧洲各国政府根据自身的情况制定了一系列配套政策来推动智能电网建设，形成了由政府主导，研究机构、电力企业、咨询公司积极推动，社会公众广泛参与，研究与应用并重，产学研高度结合的局面。

法国已经就电力用户使用智能电能表进行强制立法。法国电网公司也将加速风电的建设。法国配电公司与美国美信公司共同制定和开发下一代电力线通信规范及解决方案，促进法国自动抄表系统的基础设施建设。

（四）我国智能电网

1. 发展动因

改革开放以来，我国经济持续快速增长，经济的高速增长对于电网提出了更高要求。特高压、互联大电网在提高经济性的同时，也会面临系统的复杂性和安全性的问题。

大规模开发可再生能源，将对电网安全运行产生冲击；电网要求提高优质可靠的电力供应，并要满足用户对能源和信息的多元化服务需求，提升服务水平；电网要适应电力市场化的要求，达到发电、电网和用户多方共赢的目的。

这些需求和挑战构成中国发展智能电网的驱动力。

（1）保证电网安全稳定运行，提高电力输送的经济性。经济的持续发展、能源和消费的逆向分布促进了特高压输电、全国电网互联等大电网输电技术的发展。电压等级的升高、区域电网的互联增加了电力远程输送的能力，降低了输电线路损耗，提高了系统的稳定性，这对于提高电网的经济性、节能减排都具有重要的意义，但也增加了系统的复杂性，加大了电网遭受内外部突发事件而发生大面积停电的风险。要解决这些问题，需要加快智能电网的研究和发展。

（2）促进可再生能源大规模利用，满足环保要求。为应对全球气候变化，加快清洁能源利用，我国已开始在西北、内蒙古、沿海等地加快对风能、太阳能等可再生能源的大规模开发，但是可再生能源的间歇性和波动性对电网安全稳定运行却是一个巨大的挑战，要解决这个技术难题，就需要运用智能电网技术。

（3）提高电网电能质量，保证优质可靠电力供应。工业企业的调速和节能电机、家庭用户的智能电器和节能灯具都采用了大量的电力电子装置，这给配电网带来了严重的谐波、电压波动等电能质量问题；而高速铁路、炼钢电弧炉等大型电力设备还会给电网带来无功冲击、电压闪变、电压不平衡等更为严重的电能质量问题，这些问题需要通过智能电网的滤波和无功补偿等技术手段加以解决。

（4）满足用户多元化服务需求，推动低碳经济发展。用户的多元化个性化服务需求将催生出巨大的智能服务市场。通过构建智能互动服务平台，促进通信网络、智能设备、电动汽车及充电设施、可再生能源接入及储能、智能家居等新兴产业的发展，推动低碳经济的发展。

（5）适应电力市场化要求，优化资源配置。随着分布式电源的大量接入和电动汽车的广泛应用，电网与用户间能源与信息的双向传送成为不可或缺的条件。通过灵活的电价政策和经济激励等市场化手段，引导用户主动参与需求响应，优化资源配置，促进用户侧市场开放，提高电网的资产利用率。

2. 研究与实践

国家电网公司在发电、输电、变电、配电、用电、调度、信息通信等专业环节、综合示范环节等领域，累计安排智能电网试点项目 29 类 287 项，遍及国家电网公司经营区域 26 个省（自治区、直辖市）。国家电网公司智能电网项目试点在世界范围建设规模最大、涵盖领域最广、推进速度最快，应用效果显著。在以下八个技术领域取得重要突破。

（1）可再生能源并网方面。大规模风力光伏发电功率预测及运行控制、分布式光伏发电接入等关键技术取得突破。华北公司建成了世界上第一个集风力发电、光伏发电、储能系统、智能输电于一体的国家“风光储输”示范工程，对于推动我国新能源及战略性新兴产业发展具有重要意义。

（2）智能变电站方面。在国际上首次提出智能变电站系列技术标准，智能变压器、智能开关设备、一体化监控系统、电子式互感器等关键技术和设备得到广泛应用。

（3）电动汽车充换电服务网络方面。在电动汽车充换电设备研制、充换电设施建设及运营模式等方面取得突破。山东省、浙江省电力公司在青岛、杭州等城市建成了电动汽车充换电服务网络，实现了商业化运营。

（4）智能电网调度技术支持系统方面。已经建成投运了 11 个试点工程，

“三华”智能电网调度技术支持系统的全部应用功能均已上线运行，在实时监控预警、调度计划、安全校核等功能实用化方面取得了重要突破，为技术的国际化奠定了基础。

（5）输变电设备状态监测系统方面。已经完成 15 个省的输电设备状态监测系统主站部署，实现了设备状态监测规范化、集约化以及相关试验检测能力方面的突破。

（6）用电信息采集系统方面。完成全部省电力公司采集系统主站和所有专用变压器、公用配电变压器采集终端建设，建立了完备的信息安全防护体系。

（7）配电自动化方面。已经在 23 个城市核心区建设智能配电网，在配电自动化主站系统、智能配电终端、标准化信息交互以及分布式电源接入等方面取得突破。

（8）智能用电服务平台方面。积极响应国家“三网融合”战略，在电力光纤到户与智能用电和能效服务的结合应用方面实现突破。建成了国内外功能最齐全的中新天津生态城智能电网综合示范工程，为区域智能电网建设、运营和管理积累了宝贵经验。

3. 智能电网与电力系统可持续发展

可持续发展一直是电力行业的长期目标，我们需要深入了解智能电网如何与可持续发展相互关联，以实现更清洁、高效、可靠的电力供应。

（1）新型电力系统的可持续发展策略

电力行业在现代社会中扮演着至关重要的角色，但其发展方式对环境、社会和经济造成的影响越来越受到关注。在这一背景下，可持续发展已经成为电力行业的关键目标之一。本文将深入探讨可持续发展在电力行业的重要性，强调其在环保、能源安全和社会责任等方面的影响和价值。

可持续发展在电力行业中的重要性体现在环保方面。电力生产过程中常常伴随着大量的碳排放和污染物排放，这对环境造成了严重损害。可持续发展的理念强调减少这些负面影响，通过采用清洁能源、提高能源效率以及控制排放来减轻对大气、水资源和土壤的污染。电力行业的可持续发展目标包括降低碳足迹、改善空气质量、减少水资源消耗等，这些都有助于保护生态系统的健康，维护生态平衡。可持续发展在电力行业中的重要性还涉及能源安全。依赖不稳定的能源供应可能导致电力系统的不稳定和停电风险，对经济和社会带来严重影响。可持续发展的理念强调多样化能源来源，包括可再生能源（如太阳能、风能、水能等）、核能以及清洁化石燃料技术。这样的多元化能源供应链有助于减少对能源的过度依赖，提高电力系统的韧性，降低供应中断的风险。

社会责任也是电力行业可持续发展的一个关键方面。电力行业对社会的责任不仅仅是提供可靠的电力供应，还包括考虑社会公平、可及性和包容性。可持续发展要求电力行业更加关注社会需求，包括提供廉价电力、改善能源服务的可及性，尤其是在发展中国家，还要促进可再生能源的就业机会，推动经济增长。同时，电力公司也需要采取措施来减少社会不平等，确保能源的公平分配。此外，可持续发展还关乎创新和技术进步。电力行业必须不断寻求新的技术和解决方案，以提高能源效率、减少排放、优化电力生产和分配等方面的性能。这种创新不仅有助于实现可持续发展目标，还能够推动产业升级，促进经济增长。

总之，可持续发展在电力行业中的重要性不可忽视。它旨在减少环境影响、提高能源安全、强化社会责任和促进技术创新，为电力行业的未来提供了可持续性的蓝图。电力公司、政府、研究机构和消费者都需要积极参与，共同推动电力行业朝着更可持续的未来迈进，以满足不断增长的能源需求，同时保护我们的环境和社会。

（2）智能电网与可持续发展的融合

智能电网的崛起与可持续发展理念的日益重要性之间存在着深刻的关联。智能电网是一种高度数字化、自动化的电力系统，旨在提高电力系统的效率、可靠性和可持续性。在实现这些目标的过程中，智能电网与可持续发展原则密切相互融合，共同塑造了未来电力系统的面貌。

智能电网的融合促进了可再生能源的大规模集成。可持续发展的一个关键目标是减少对传统化石燃料的依赖，增加可再生能源的比重。智能电网通过高级的监测和控制系统，能够更有效地集成分散的可再生能源，如太阳能和风能。这使得电力系统能够更好地适应可再生能源的波动性，减少对传统发电方式的需求，从而降低碳排放和环境影响。智能电网通过提高能源效率，实现了可持续发展目标。电力系统中的能源损耗和浪费一直是一个严重问题，对资源利用效率产生负面影响。智能电网采用先进的监控技术，能够实时监测电力传输和分配，识别能源浪费并迅速采取纠正措施。这有助于提高能源效率，降低能源浪费，减少对有限资源的不必要消耗。

智能电网在供电可靠性方面与可持续发展相辅相成。电力系统的可持续发展要求系统能够稳定供应电力，以满足社会和经济需求。（1）智能电网通过实时监测、自动化调度和智能控制，提高了电力系统的稳定性和可靠性。这降低了停电和电力中断的风险，有助于维护系统运行的连续性。（2）智能电网还与可持续发展原则相符，通过促进能源管理的分散化，鼓励能源消费者更积极地参与电力市场。消费者可以借助智能电表和实时能源数据，更好地管理自己的用电行为，调整用电时间，甚至参与分布式能源市场。这种参与能够鼓励更节能的行为，减少用电高峰时段的能源浪费，进一步支持可持续发展目标。（3）智能电网的数字化特性也为可持续发展提供了更多机会，如大数据分析、人工智能和区块链等技术的应用，可以帮助监测和优化电力系统的运行，减少资源浪费，提高系统的可持续性。综合而言，智能电网与可持续发展之间的融合是电力行业迈向更清洁、高效、可靠和可持续未来的重要步骤。通过智能电网的推广和应用，电力系统可以更好地满足可持续发展的核心原则，包括减少碳排放、提高能源效率、促进可再生能源的利用和改善供电可靠性，为我们的能源未来铺平了道路。因此，政府、电力公司、技术提供商和消费者都应积极支持智能电网的发展，以实现可持续发展的共同目标。

二、智能电网条件下的用电服务

用电服务环节直接面向社会、面向客户，是社会各界感知和体验智能电网建设成果的主要途径，在智能电网中具有十分重要的地位和作用。

电网公司以智能用电服务体系为基础，通过数据采集、高级量测体系（AMI）、双向互动、分时电价等手段，鼓励用户参与需求响应和有序用电，改变用户用能方式，提高电能在终端能源消费中的比重，从而达到削峰填谷、改善能效、节能降耗的目的。

（一）用电服务面临的挑战

按照能源发展战略的调整和发展低碳经济的要求，我国正在加快建设资源节约型、环境友好型社会，今后电能等绿色能源的使用比重将不断加大，用电服务面临的内外部环境发生了显著变化，因此传统用电服务模式将面临较大影响和挑战，用电服务将遇到许多新情况、新问题和新要求。

智能电网是能源和信息相互融合而带来的重大技术变革，将对传统的用电服务产生深刻的影响。例如，传统的柜台人工方式将会被网络或终端自助服务方式所取代。随着社会的发展，人们对个性化、多样化的服务需求将大大增加，更多增值服务将会出现。智能电网改变了原有的用电服务形态，扩展了用电服务内容，增加了新的服务领域，同时，用户对服务的需求也发生很大的变化。

（1）提升了常规用电服务水平。原有的信息查询、故障报修、业扩报装、费用结算等业务基本上是在供电营业厅完成的。随着用电信息采集、营销业务应用和95598互动服务网站等信息化系统的运行，很多原先需要柜台办理、办公室审核的业务现在可以通过网站、手机、自助终端来进行，而售电缴费业务也可以通过银行等第三方机构来结算。

（2）增加了智能用电服务。智能电网产生了新的用电形式，相应地带来了新的服务内容。例如，分布式电源接入、储能、电动汽车充放电、需求响应、能效管理、电能质量监测等。这些新型用电形式对现有常规用电服务的管理模式和业务流程提出了挑战，需要在智能电网条件下以创新的思维为用户提供更丰富的智能用电服务。

（3）开拓了第三方服务。第三方服务提供商可以通过智能用电服务平台开展包括社区物业、广告投放、安防报警、健康监护、医疗护理、公用事业缴费、网络购物、三网融合等增值服务。这样，电网企业就承担了更大的社会责任，也拓展了新的发展空间。

（二）智能用电服务体系架构

所谓智能用电服务体系，就是以坚强智能电网为坚实基础，以智能用电服务组织管理及标准和智能用电服务关键技术及装备为坚强支撑，以通信与安全保障体系为可靠保证，以智能用电信息共享平台为信息交换途径，通过智能用电服务技术支持平台和智能用电服务互动平台，为电力用户提供智能化、多样化的用电服务，实现与电力用户之间能量流、信息流、业务流的友好互动，提升用户服务的质量和水平。

智能用电服务体系的核心内容包括智能用电服务互动平台、智能用电服务技术支持平台、智能用电信息共享平台、通信与安全保障体系等；智能用电服务的支撑体系包括组织管理及标准、关键技术及装备等。

（三）技术支持平台

智能用电服务技术支持平台主要由八个子系统构成。其中，用电信息采集系统和用户用能服务系统是基础应用系统，负责智能用电服务相关信息的采集与监控；智能量测管理系统、分布式电源管理系统、充放电与储能管理系统是专业应用系统，实现智能用电服务不同领域的专业管理；营销业务管理系统是智能用电的综合业务应用系统，是技术支持平台的核心系统，实现智能化的营销业务管理与综合应用。

辅助分析与决策系统是高级应用系统，为决策层提供分析和决策服务；

用地理信息系统是智能用电地理图形服务系统，为其他系统提供可视化的智能用电图形服务。智能用电服务技术支持平台中，各子系统之间存在大量信息与业务交互。

三、用电信息采集系统的定位和作用

用电信息采集系统是对用户的用电信息进行实时采集、处理和监控的系统，可以实现电力用户的全覆盖和用电信息的全采集，全面支持费控管理，是智能电网用电环节的重要基础和用户用电信息的重要来源，也为智能用电服务技术支持平台提供基础用电信息数据。在坚强智能电网建设过程中，如何构建智能化电网时代要求的用电信息采集系统，改进和完善现有信息化体系，支撑智能电网信息化服务平台是我们当前必须面对的问题和挑战。

用电信息采集系统是智能用电服务体系技术支持平台的重要组成部分。通过技术支持平台和双向互动平台，实现营销管理的现代化运行和营销业务的智能化应用，构建电网与用户之间的电力流、信息流、业务流实时互动的新型供用电关系，全面提升综合服务水平，大幅提高电能占终端能源消费的比重，提高供电可靠性和用电效率，实现电力资源的最佳配置。

（一）系统定位

用电信息采集系统可以为市场管理、95598 互动服务平台、营销稽查监控、抄表、计量管理、电费收缴、有序用电、营销业务应用和辅助决策提供负荷、用电异常、抄表、计量异常、运行信息等数据。

基于电网公司各层面、各专业的应用需求，用电信息采集系统全面建成后，作为信息系统的组成部分，将为公司数据中心提供强大的数据支撑，不仅可以满足现阶段各方面的应用需求，还具有较强的适应性和扩展性，可以满足未来技术进步管理提升和形势发展的需要。

用电信息采集系统既可以通过中间数据库、WebService 等方式为营销业务应用和营销稽查监控等信息系统提供数据支撑，也可独立运行，完成采集点设置、数据采集管理、有序用电、预付费管理、档案管理、电能损耗分析等功能。

用电信息采集系统从功能上完全覆盖营销业务应用中用电信息采集业务所需要的相关功能，包括基本应用、高级应用、运行管理、统计查询、系统管理等，也为营销业务应用中的其他业务提供用电信息数据源和用电业务支撑；同时，还可以提供营销业务应用之外的综合应用分析功能，例如，配电业务管理、电量统计、决策分析、增值服务等，并为其他专业系统如生产管理、GIS、配电自动化等提供基础数据。

（二）系统作用

用电信息采集系统是智能用电服务体系中的基础应用系统，该系统在营销业务应用、双向互动服务、分布式电源和储能的接入、用户异常用电状况监视、电费管理和回收等方面发挥主要作用。

（1）用电信息采集系统的一体化应用平台能支持多种通信信道和终端类型，有效整合专用变压器、公用配电变压器、低压集抄的用电信息，在同一个平台上完整地实现采集、监控和业务应用等功能，有效提高电能计量、自动抄表、预付费等营销自动化程度，提高营销管理整体水平。同时，用电信息采集系统还能够为SG-EKP信息系统提供及时、完整、准确的数据支撑，满足智能电网自动化、信息化和互动化的要求。

（2）用电信息采集系统为智能用电服务体系技术支持平台的基础应用提供数据，满足了电网与用户的互动需求，使用户随时可以了解电网信息，可以为用户提供灵活定制、多种选择、高效便捷的服务，不断提高服务能力，满足智能社区、智能家居等增值服务需求，提升客户满意度。

（3）用电信息采集系统支持用户侧分布式电源和储能的接入，通过接入终端来采集数据，为分布式电源接入管理、储能接入管理和用户用能服务提供基础数据，这对于提高终端清洁能源的利用效率，促进节能减排，建设资源节约型和环境友好型社会具有重要意义。

（4）用电信息采集系统配合专用传感器，可实时监视用户异常用电状况，及时发现损坏的计量设备，准确跟踪和定位窃电嫌疑用户，所记录的各种用电数据和曲线，为查处用户窃电提供了有利证据，是反窃电工作最有效的技术手段。

（5）用电信息采集系统可以与营销业务应用系统无缝连接，实现用户档案、计量数据、用电信息的共享，协调完成对营销计量、抄核收、用电检查、需求侧管理等业务流程的技术支持。

（6）用电信息采集系统的“全费控”功能有利于促进预付费的推广，有效管理电费的回收，减少欠缴等长期制约电网效益的问题，增加电网公司经济效益。

（7）用电信息采集系统可以配合国家实施的峰谷电价、阶梯电价等电费政策，平衡电力供需矛盾，更有效地调整地区负荷，延缓电厂建设投资，保证电网安全运行，实现有序用电。

第二节　配电网自动化

一、配电网自动化概述

（一）配电网

1. 配电网基本知识

配电网是电力系统中电能发、送、变、配中最后一个环节，向用户提供电能，由发电厂发出的电能通过输电网送往消费电能的地区，再由配电网将电力分配至用户。所谓配电网就是从输电网接收电能，再分配给各用户的电力网。

配电系统是电力系统中把发、输电系统与用户连接起来的重要环节。由配电一次设备，包括馈线、降压变压器、断路器、各种开关在内构成的配电网，以及包括继电保护、自动装置、测量和计量仪表、通信和控制等二次设备构成的配电系统，直接向用户供应电能。就我国电力系统而言，配电网的电压等级一般为 110 kV 以下。通常把 35 kV 电压等级以上的配电网称为高压配电网 Elokv 电压等级配电网称为中压配电网；0.4 kV（380/220 V）电压等级配电网称为低压配电网。

在配电系统中，各级变电站之间、变电站与开闭所及用户之间都必须通过架空线路或电缆线路连接起来，以传送电能。由于在市区、城郊、农村的环境条件有很大差别，线路亦有不同的电压等级，因此对采用线路的类型，以及架空线路的杆型、导线的结构与截面或电缆线路的敷设方法、电缆的型号与截面，均需经过分析才能予以确定。

长期以来，从经济性和施工方便等原因考虑，架空线路一直是国内外电力线路的首选。表 6-1 列出了地下电缆与架空线路费用的比值。可以看出，电压超高，比值越大。因此超高压与高压线路一般都是采用架空线路。城市电网的中压（10 kV）配电线路，以往一直是采取沿街道架设架空线路的方法。随着城市现代化建设和改造，市中心主要街道、新建小区、工业开发区等，均按规划提出采用电缆线路的要求，以优化环境。常用的电力电线有油纸绝缘电线、塑料绝缘电缆、橡胶绝缘电线、交联聚乙烯绝缘电缆等。

表 6-1 地下电缆与架空线路费用之比

线路电压	超高压	高压	中压	低压
地下电缆与架空线路费用之比	15～25:1	10:1	2～5:1	1.5～5:1

三相配电网中性点与大地的电气连接，称为配电网的中性点接地方式。配电网的中性点接地方式有如下几种：中性点不接地，中性点经高阻抗接地，中性点经消弧线圈接地，中性点直接接地，中性点经小电阻接地。

总结起来可归为两大类：一类称为中性点非有效接地系统（包括中性点不接地系统、中性点经小电阻接地系统），或称为大电流接地系统。

中性点采取何种接地方式，是否接地，是个很复杂的技术和经济上的问题，涉及电网的可靠运行、人身安全、继电保护的灵活性、电网的过电压、通信的可靠性等问题。目前我国采用的中性点接地方式大体是：

（1）110 kV 系统：直接接地。

（2）35 kV 系统：经消弧线圈接地。

（3）10 kV 系统：不接地或经消弧线圈接地、经电阻或电抗接地。

（4）380/220 V 系统：直接接地。

我国目前配电网的接线方式可分作辐射状网、树状网和环状网。

2. 我国配电网的主要特点

我国配电网以 10～35 kV 为主，几十年来，由于城市和农村各种因素所造成的差别，各自形成了如下特点：

（1）农村配电网短路容量小，一般在 100～200 MVA。而城市配电网短路容量大，在 200～300 MVA 左右。

（2）配电网直接与用户发生关系，需求量大。尤其是近几年随着工农业的发展和乡镇企业的兴起，配电线路不断延伸，配电变压器不断增加，据 1993 年全国电网统计，35～110 kV 变电所已达到 14 400 多座，全国平均每年增加 1 000 座左右，配、供电范围在扩大，配电变压器容量在增加。

（3）农村配电网负荷分散、供电半径大、线路长，有的 10 kV 配电线路长达几十公里，线路维护工作量大。而城市负荷相对集中，布点多，但事故影响大。

（4）配电网事故受外界影响因素较多，尤其是架空配电线路，因雷击、鸟害、大风及树木的影响，造成瞬间故障和永久性故障的概率高，供电可靠性差。

（5）线路长，负荷变化大，末端的短路电流与最大负荷电流相接近，保护配合困难；熔断器的保护性能受运行环境的影响，上、下级配合困难，尤其是主变压器保护，问题较多，不能满足保护配合要求。

（6）配电网设备及控制装置技术性能落后是事故效率高的主要原因。目前，在配电网中大量应用油断线路，而由于油断路器介质容易劣化，连续开断几次短路电流就应进行检修，否则就不能保证断路器原来的开断性能，甚至可能引起保护开关爆炸和烧毁的严重后果。为此，电力运行部门明确规定，油断路器一般不设重合装置，在开断 5 次断路故障后应进行一次检修，一旦线路发生故障（瞬时故障或永久性故障），保护开关则不再重合。但由于线路长，分支线多，查寻工作困难，加大了运行人员劳动强度。

（二）配电网自动化

随着用电需求的增长和电力供求市场化的发展趋势，用户对供电可靠性、电能质量，以及优质服务的要求都不断提高，传统的配电网技术和管理方法已经很难满足配电网安全、优质和经济运行的要求。提高电能质量要由改善整个电力系统装备和运行来达到，合理而完善的配电网络结构可以提高供电可靠性和电压质量。同时，配电网的保护、检测和控制的自动化，对于配电网的安全经济运行和提高电能质量也很重要。

所以，在加强配电网设备建设的同时，发展配电网自动化，采用现代电子、通信和计算机等技术和装备，对配电网及其用户在正常运行和事故情况下进行实时检测和自动化保护、控制、管理，能大大提高供电质量和运行经济性，改善服务和提高工作效率。

通常把利用现代电子技术、通信技术、计算机及网络技术，实现随配电系统正常运行及事故情况下的检测、保护、控制、用电和配电管理的综合自动化系统，称为配电管理系统（Distri-bution Managment System，DMS）。一般认为，DMS 是和电网调度自动化的能量管理系统（EMS）处于同一层次。二者不同之处是 EMS 涉及发、输电系统，DMS 是配电管理系统。

二、馈线自动化技术

广义地说，馈线自动化应包括配电网的高压、中压和低压 3 个电压等级范围内的线路自动化。对于高压配电线路，其负荷一般是二次降压变电站；

对于中压配电线路，其负荷可能是大电力用户或是配电变压器；对于低压配电线路，其负荷是广大的用户。各电压等级有其自身的特点，特别是低压馈线，与高、中压线路有很大的区别。因此，目前在论述馈线自动化时是主要提高、中压馈线自动化，而且特别是指中压馈线自动化，在我国尤其是指10 kV 馈线。

（一）馈线自动化的功能

馈线自动化在正常状态下，实时监视馈线分段开关与联络开关的状态和馈线电流、电压情况，实现线路开关的远方或就地合闸和分闸操作。在故障时获得故障记录，并能自动辨别和隔离馈线故障区段，迅速对非故障区域恢复供电。其中故障定位、隔离和自动恢复对健全段的供电是馈线自动化的一项主要功能。

1. 馈线运行状态检测

分为正常状态和事故状态检测。正常状态检测的量主要有电压幅值、电流、有功功率、无功功率、功率因数等以及开关设备的运行状态。检测量是实时的，检测设备一般称为馈线终端单元（FUT）。在有通信设备时，这些量可以送到某一集配电 SCADA 系统；在没有通信设备时，可以选择某些可以保存或指示的量加以监测。配电网中的测点很多，应选择有必要的检测点加以监测，以节省投资。

装有 FTU 的配电网，同样可以完成事故状态下的监测。没有装设 FTU 的地点可以装设故障指示器，通常将其装在分支线路和大用户入口处，具有一定的抗干扰能力和定时自复位功能。如果故障指示器有触点，也可以经过通信设备把故障信息送到某一级配电 SCADA 系统。

2. 馈线控制

利用配电网中可控设备（主要是开关设备）对馈线实行事故状态下和正常运行时的控制。

3. 馈线的故障定位、隔离和自动恢复供电

这是馈线自动化的一个独特功能，以后还将详细分析介绍。这种由断路器、分段器所组成的系统，能在馈线发生永久性故障时，自动对故障进行定位，通过开关设备的顺序动作实现故障隔离；在环网运行或环网结构的开环运行的配电网中实现负荷转供，恢复供电。在发生瞬时性故障时，通常因切断故障电流后，故障自动消失，可以由断路器自动重合而恢复对负荷的供电。

（二）配电自动化的设备

配电线路的控制和保护离不开一些新式配电自动化设备，主要有三种重要的设备，即重合器、分段器和馈线 FTU。

1. 自动重合器

自动重合器（Recloser）是一种能够检测故障电流、在给定时间内断开故障电流并能进行给定次数重合的一种“自具”能力的控制开关。所谓自具（Self Contained），即本身具有故障电流检测和操作顺序控制与执行的能力，无需附加继电保护装置和另外的操作电源，也不需要与外界通信。现有的重合器通常可进行三次或四次重合。如果重合成功，重合器则自动终止后续动作，并经一段延时后恢复到预先的整定状态，为下一次故障做好准备。如果故障是永久性的，则重合器经过预先整定的重合次数后，就不再进行重合，即闭锁于开端状态，从而将故障线段与供电电源隔离开来。

重合器在开断性能上与普通断路器相似，但比普通断路具有多次重合闸的功能。在保护控制特性方面，则比断路器的“智能”高得多，能自身完成故障检测、判断电流性质，执行开合功能；并能记忆动作次数、恢复初始状态、完成合闸闭锁等，只有通过手动复位才能接触闭锁。

2. 分段器

分段器（Sectionalizer）是一种与电源侧前级开关配合，在失压或无电流的情况下自动分闸的开关设备。当发生永久性故障时，分段器在预定次数的分合操作后闭锁于分闸状态，从而达到隔离故障线路区段的目的，若分段器

未完成预定次数的分合操作，故障就被其他设备切除了，则其将保持在闭合状态，并经一段延时后恢复到预先的整定状态，为下一次故障做好准备。分段器一般不能断开短路故障电流。

分段器的关键部件是故障检测继电器。根据判断故障方式的不同，分段器可分为电压－时间型分段器和过流脉冲计数型分段器两类。

电压－时间型分段器是凭借加压。失压的时间长短来控制其动作的，失压后分闸，加压后合闸或闭锁。过流脉冲计数型分段器通常与前级的重合器或断路器配合使用，它不能开短路故障电流，但具有在一段时间内记忆前级开关设备断开故障电流动作次数的能力。在预定的记录次数后，在前级的重合器或断路器，将线路从电网中短时切除的无电流间隙内，过流脉冲技术型分段器分闸达到隔离故障区段的目的。若前级开关设备未达到预定的动作次数，则过流脉冲计数型分段器在一定的复位时间后会清零并恢复到预先整定的初始状态，为下一次故障做好准备。

3. 馈线 FTU

FTU 是安装在配电室或馈线上的智能终端设备。它可以与远方的配电子站通信，将配电设备的运行数据发送到配电子站，还可以接受配电子站的控制命令，对配电设备进行控制和调节。FTU 与 RTU 有以下区别：FTU 体积小、数量多，可安置在户外馈线上，没有变送器，直接交流采样，抗高温，耐严寒，适应户外恶劣的环境；而 RTU 安装在变电站中，一般安装在户内，对环境要求高；FTU 采集额数据量小，通信速率要求较低，可靠性要求较高；而 RTU 采集的数据量大，通信速率较高，可靠性要求高，有专用通道。

FTU 可采用高性能 16 位单片机制造（如 80196KC），为了适应恶劣的环境，应选择能工作在 75C 的工业级芯片，并通过适当的结构设计使之防雷、防雨、防潮。

（三）馈线自动化的实现方式

馈线自动化有两种实现方式：当地控制方式和远方控制方式。当地控制方式又叫电压型实现方式，依靠馈线上安装的重合器和分段器自身的功能来消除瞬时性故障和隔离永久性故障，不需要和控制中心通信即可完成故障隔离和恢复供电；而后一种是通过负荷开关、FTU 加主站系统来实现。由 FTU 采集到故障前后的各种信息并传送到主站，由主站确定故障区段，然后由主站系统发遥控命令控制开关动作，完成故障隔离并恢复非故障区供电。

三、远程自动抄表计费系统

随着现代电子技术、通信技术、计算机技术及其网络技术的飞速发展，电能计量手段和抄表方式也发生了根本的变化。电能自动抄表系统（Automatic Meter Reading-AMR）是一种采用通信和计算机网络技术，将安装在用户处的电能表所记录的用电量等数据，通过通信系统传输汇总到营业部门，代替人工抄表及后续相关工作的自动化系统。

（一）电能表发展和分类

现在普遍使用的机械感应式电能表，具有价格低廉、可靠耐用、维修方便和对电源瞬变及各种频率的无线电干扰不敏感的特点。但由于受其工作原理和结构等因素的限制，机械感应式电能表也存在着测量精度低、人工校验、使用过程容易出现接线错误等不足。此外，随着电能计量和管理的发展，只具有电能测量功能的机械感应式电能表已不能适应现代电能管理的需要。

电能是电功率对时间的积分，因此电子式电能表是采用乘法器来完成对电功率和电能力测量的。全电子式电能表将单相或三相交流电功率转换成脉冲或其他数字量来进行测量。根据转换原理，可分为热电转换型、模拟乘法器型和数字乘法器型三类。

1. 热电转换型电子式电能表

热电转换型电子式电能表是通过热电转换电路，使热电偶的输出与平均功率成正比来进行计量。在很低的功率因数和波形严重畸变的情况下，热电转换型电子式电能表比其他类型电能表的测量精度高。

2. 模拟乘法器型电子式电能表

模拟乘法器主要有时分割乘法器、可变跨导型乘法器和霍尔效应乘法器三种。

时分割乘法器实质是一个脉冲宽度和幅度调制器，其输入的电压和电流分别对一个脉冲的宽度和幅度进行调制。时分割乘法器的输出就是该脉冲信号的直流分量。这个直流分量与输入电压和电流信号的乘积成正比，反映了输入平均功率的情况。时分割乘法器的工作带宽较窄，一般只有几百赫兹。

可变跨导型乘法器由单片集成电路实现，准确度约为 0.5 级，工作频率带宽达数兆赫兹。

霍尔效应乘法器的电流、电压回路彼此独立，电路简单，便于检测与校准，但其灵敏度和精度都较低。霍尔效应乘法器在轻载时，零点偏移和温漂比较明显，实际应用时需要采取平衡电桥消除零点漂移，并用热敏器件补偿温漂。霍尔乘法器输出的是瞬时功率信号，很宽的频率响应，适合用于波形畸变较大的情形。

3. 数字乘法器型电子式电能表

数字乘法器型电子式电能表是以微处理器为核心的电能表，对来自 PTV、TA 的电压和电流，采用 A/D 转换器来完成其交流采样和数字化处理工作。由于微处理器处理能力强大，采用微处理器的数字乘法器型电子电能表能实现的功能很丰富，还可实现其他种类电能表无法实现的多种功能，如复费率、最大需求量等各种统计，且微处理器使电能表的功能扩展也很方便，易于和配电自动化系统集成。

（二）抄表技术综述

抄录电能一般有以下几种方式。

（1）手工抄表方式：抄表员携带纸和笔到现场抄录用户电能表的读数。

（2）本地自动抄表方式：采用携带方便、操作简单可靠的抄表设备到现场完成自动抄表。它通过在配备有相应模件的电能表和手提电脑之间加入无线通信手段，达到非接触性完成数据传输的目的。

（3）移动式自动抄表方式：利用汽车装载收发装置和无线电技术以及电能表上的模件，在用户附近一定的距离内自动抄回电能数据。

（4）预付费电能计费方式：通过磁卡或 IC 卡和预付费电能表相结合，实现用户先交钱购回一定电量，当用完这部分电量后自动断电的管理方法。

（5）远程自动抄表方式：采用低压配电线、电话网、无线电、RS-485 或现场通信媒体，结合电能表上的软件和局内计算机系统，不必外出就可抄回用户电能数据。

（三）远程自动抄表计费系统的构成

1. 电能表

具有自动抄表功能、能用于远程自动抄表系统的电能表，有脉冲电能表和智能电能表两大类。

（1）脉冲电能表：脉冲电能表能够输出与转盘数成正比的脉冲率。根据其输出脉冲的实现方式的不同，又可分为电压型脉冲电能表和电流型脉冲电能表两种。电压型表的输出脉冲是电平信号，采用三线传输方式，传输距离较近；而电流型表的输出脉冲是电流信号，采用两线传输方式，传输距离较远。

（2）智能电子表：传输的不是脉冲信号，而是通过串行口，以编码方式进行远方通信，因而准确、可靠。按智能表的输出接口通信方式划分，智能电能表可分为 RS-485 接口型和低压配电线载波接口型两类。RS-485 智能电能表是在原有电能表内增加 RS-485 接口，使之能与采用 RS-485 型接口的抄表集中器交换数据；载波智能电能表则是在原有电能表内增加了载波接口，使之能通过 220 V 低压配电线与抄表集中器交换数据。

2. 抄表集中器和抄表交换机

抄表集中器是将远程自动抄表系统中的电能表的数据进行一次集中的装置。对数据进行集中后，抄表集中器再通过总线、电力线载波等方式将数据继续上传。抄表集中器能处理脉冲电能表的输出脉冲信号，也能通过RS-485方式获取智能电能表的数据，通常具有RS-232、RS-485方式或红外线通道用于与外部交换数据。

抄表交换机是远程抄表系统的二次集中设备。它集结的是抄表集中器的数据，然后再通过公用电话网或其他方式传输到电能计费中心的计算机网络。

抄表交换机可通过RS-485或电力载波方式与各抄表集中器通信，而且也具有RS-232、RS-485方式或红外线通道用于与外部交换数据。

3. 电能计费中心的计算机网络

电能计费中心的计算机网络是整个自动抄表系统的管理层设备计算机局域网再配合以相应的抄表软件组成。

4. 通信方式

在远程抄表的电能计费自动化系统中，通常采用RS-485、低压配电线载波等方式，实现电能表到抄表集中器，以及抄表集中器到抄表交换机之间的通信。抄表交换机至电能计费中心计算机系统之间，可采用光纤、电话网和无线电台等方式传送。

（四）远程自动抄表系统的典型方案

1. 总线式抄表系统

总线式抄表系统是由电能表、抄表集中器、抄表交换机和电能计费中心组成的四级网络系统。

抄表集中器通过RS-485读取智能电表数据或直接接收脉冲电能表输出脉冲。抄表集中器与抄表交换机之间采用低压配电线载波方式传输数据。抄表交换机与电能计费中心的计算机网络之间，通过公用电话网传输数据。

在总线式抄表系统中，抄表集中器还可以通过低压配电线载波方式读取电能表数据，抄表交换机与抄表集中器也可以采用RS-485网络传输数据。远方抄取居民用户电能时，可将一个楼道内的电能表采用一台抄表集中器集中，再将多台抄表集中器通过抄表交换机连接到公用电话网络进行远程自动抄表。

2. 三级网络的远程自动抄表系统

该系统中的抄表交换机和抄表集中器合二为一，它通过 RS-485 网或者低压配电线载波方式读取智能电能表数据，直接采集脉冲电能表的脉冲，然后通过公用电话网将数据送至电能计费中心的计算机网络。

四、负荷控制技术

“电力负荷控制系统”是实现计划用电、节约用电和安全用电的技术手段，也是配电自动化的一个重要组成部分。

（一）电力负荷控制种类

1. 负荷分散控制

孤立的负荷控制装置安装在用户当地，按照事先设定的用电量、负荷大小来控制用户的负荷，使其用电量不超限、负荷不超限、使其分时段用电。

2. 负荷集中控制

选择大耗电、可中断用户以及非重要用户的负荷，排定其重要程度（用电优先程度），监视其用电计划的执行。在负荷高峰时，按用户优先程度由低到高的顺序，从中央控制系统依次发送控制指令，使其切除负荷、避峰用电，既保证电网达到一定的供电技术指标，又把限电的损失减到最小。在非峰值负荷时，解除对所有被控负荷的控制，容许负荷重新投入。

3. 用户负荷自我控制

采用分时电价、分季电价、地区电价、论质电价、需量电价等多种电价形式，使电价随需求变化、负荷高峰和低谷的电价有适当的差别，从而刺激用户从经济的角度出发，自行安排设备用电时间，给电网带来削峰填谷的效果；用户还可以利用微处理器，按电费支出最小的原则制定用电策略，实施自我用电控制；此外，供电部门也可以利用先进技术手段，向用户传送实时电价，用户接收后再根据预定的用电策略自我控制用电。多种电价的使用，必须和各种新型的电能表相配合。

（二）负荷控制系统的基本层次和功能

1. 负荷控制系统的基本层次

根据目前负荷管理的现状，负荷控制系统以市（地）为基础较合适，在规模不大的情况下，可不设县（区）负荷控制中心，而让市（区）负荷控制中心直接管理各大用户和中、小重要用户。

2. 负荷控制系统的功能

（1）管理功能：编制负荷控制实施方案以及日、月、年各种报表的打印。

（2）负荷控制功能：定时自动或手动发送分区、分组的广播命令，进行跳、合闸操作；发送功率控制、电能量控制的投入和解除命令；峰、谷各时段的设定和调整；对成组或单个终端的功率、功率控制时段、电能量定值的设定和调整；分时计费电能表的切换；系统对时；发送电能表读数冻结命令；定时和随机远方抄表。

（3）数据处理功能：数据合理性检查，计算处理功能，画面数据自动刷新，异常、越限或事故告警，检查、确认操作密码口令及各种操作命令的检查、确认，并打印记录，实时负荷曲线的绘制，图表显示和拷贝，随机查询。

（4）系统自诊断：切换及自恢复功能，主控机双机自动/手动切换，系统软件运行异常的显示告警，自动或手动自恢复功能，信道手动/自动切换，显示整个系统硬件包括信道的工作状态等。

（5）通信功能：与电力调度中心交换信息，与上级负荷控制中心或计划用电部门交换信息，与计算机网络通信。

（6）其他功能：调试时与终端通话功能，对配电网中各种电气设备分、合闸操作及运行情况监视的功能。

五、配电自动化系统的通信方式

通信系统是实现配电自动化系统的基础。配电自动化系统需要借助于有效的通信手段，将控制中心的控制命令准确地传送到为数众多的远方终端，并将反映远方设备运行情况的数据信息收集到控制中心。配电自动化的通信系统构成规模较大，通常采用多种通信方式相结合，因此在设计上应考虑尽可能地简化这一复杂的通信系统的使用和维护。

（一）配电线载波通信（DLC）

电力线载波通信将信息调制在高频载波信号上通过已建成的电力线路进行传输。在配电线路上与在输电线路上实现通信的基本原理相同。对于输电线载波通信，载波频率一般为 10～300 kHz；对于高、中压配电线载波通信（简记为 DLC），载波频率一般为 5～40 kHz；对于低压配电线载波通信（又称入户线载波），载波频率一般为 50～150 kHz。这种频率上的不同是由于配电网络中有大量的变压器、开关旁路电容等元件，采用较低的载波频率可使高频衰耗减小。

配电线载波通信设备包括安装在主变电站的多路载波机，在线路各监控对象处安放的配电线载波机和高频通道。高频通道由高频阻波器、耦合电容器和结合滤波器组成。高频阻波器用来防止高频信号向不需要的方向传输；耦合电容器的作用是将载波设备与馈线上的高电压、操作过电压及雷电过电压等隔开，防止高电压进入通信设备，同时使高频载波信号能顺利耦合到馈线上；结合滤波器可以抑制干扰进入载波机，并与耦合电容器配合将载波信号耦合到馈线上。

多路配电线载波机与区域工作站相连。在 10 kV 馈线的分段下开关处安放的馈线 FTU，用配电线载波机，经耦合电容器 C 将信息耦合至馈线，并通过馈线与相应的区域工作站相联系，这样分散的 RTU（FTU）上报的信息就可以集中至主变电站的区域工作站处，区域工作站再通过高速数据通道将收集到的信息转发给配电自动化调度中心。低压用户的抄表，可采用低压配电线路载波方式将各用户的信息传至公共配变的抄表交换机，再通过配电线载波方式传至区域工作站。

在发送端，载有信息的载波信号经耦合电容器和结合滤波器注入电力线路传往接收端；在接收端，调制信号通过耦合电容器和结合滤波器从电力线路上分离出来，再经解调装置提取出信号中的信息。加装阻波器是为了阻止高频电流流向变电站而损失掉。

当配电线路分段开关断开时，相当于配电网载波通道出现断点，使信号不能通过。因而必须在开关处搭桥路，在开关两侧各装一套耦合设备，两套耦合设备的二次侧用电缆连接在一起，使得当工频通道断开时高频通道仍连通。为防止在发生单相接地时影响载波通信，开关每一侧均设置 2 台耦合电容器将载波信号分别耦合到 A、C 两相线路上。

（二）光纤通信

与其他通信方式相比，光纤通信主要有以下优点：频带宽，通信容量大；损耗低，中继距离长；可靠性高，抗电磁干扰能力强；通信网络具有自愈功能；无串音干扰，保密性好；线径细、重量轻、柔软；节约有色金属，原材料资源丰富。光纤通信仍存在不足：强度不如金属线；连接比较困难；分路和耦合不方便；弯曲半径不宜太小等。

目前，电力通信系统中的电力载波和微波通信很容易受到电力系统运行方式（如电力系统故障或检修等）、大气环境和城市建筑的影响，而光纤通信系统对于电磁干扰不敏感，故障时仍能保持通信，可靠性高。经过复用和复接的主干线光纤通信系统的单位通道架设费用较低。一根光纤就可以完成通常需要几百芯的电缆才能在主干线上传输的 10 亿 bit/s 容量。对于配电网上的分支通道，通信速率通常低于 1 200 bit/s，而且不便于复用和复接，使光纤通信失去了其经济优势，发挥不了极高通信速率的优势。在配电自动化系统中，光纤通信系统更适合作为通信主干线。

（三）无线扩频通信

无线扩频通信是一种先进的信息传输方式，其信号占用的带宽远大于一般常规通信方式所需的最小带宽。在相同的信噪比条件下，带宽较宽的通信系统具有较强的抗噪声干扰能力。扩频通信用高速率的扩频码来达到扩展待传输的数字信息带宽的目的。传输频带的展宽是通过编码及调制的方法实现的，与所传送的信息无关，接收端需用相同的扩频码进行相关解调才能解扩并恢复信息。

无线扩频通信具有抗干扰性强、隐蔽性强、对外界干扰小、易于实现码分多址等特点。

无线电通信中发射信号的带宽与所传信息的带宽是相比拟的。如用调幅信号来传送语声信息，其带宽应为语声信息带宽的两倍，现今使用的电话、广播系统中，无论是采用调幅、调频或脉冲编码调制制式，处理增益值一般都在十多倍范围内，统称为“窄带通信”。而扩频通信的处理增益高达数百、上千、称为“宽带通信”。扩频通信最初是在军事、公安通信中应用，后又发展到个人业余通信、体育竞赛通信、证券交易所通信和数字立体声广播等。扩频通信应用于电力部门是在该技术解密以后。由于扩频通信的建设费用远低于微波通道，却也具有很大的容量和很高的通信速率，并且无需得到无线电管理委员会的许可，所以在地调或县调是最具有发展潜力的一种新型通信方式。扩频通信可组织综合通信业务，同时传输话音、数据和图像信号，有丰富的接口终端，可接电话机，交换机和调度总机，以及配电自动化终端设备等。

无线扩频通信系统比较适合于构成 10 kV 开闭所、小区变电站或用于集结分散测控对象的区域工作站对配电控制中心间的数据通信。鉴于成本方面的原因，与为数众多的分散测控点通信，不便于采用无线扩频方式来实现。

（四）租用电话线

电话线通信是利用 MODEM 或者数字音频转换芯片将数字脉冲信号转换为 0.3～3.4 kHz 的话带信号，然后通过电话线进行数据传输的一种通信方式。采用 MODEM 可以达到较高的速率，但其设备造价也较高。电话线通信是一种成熟的通信方式，在对通信实时性要求不高的系统中得到了广泛应用，如继电保护等。

利用电话线传输数据可分为租用电话专线和公用拨号电话两种方式。从技术角度上看，利用电话线通信可达到较高的波特率，容易实现双向通信，很适合配电网自动化系统。但是租用电话专线的费用往往较高，并且电力公司无法完全掌握电话线通信的维护以确保其可靠运行。拨号电话方式使用电话网，其费用比租用电话线低很多。只是拨号方式不能在实时方式下使用。不过许多 DMS 中的配电控制和数据采集功能并不需要完全在实时方式下实现。拨号式电话系统能够把单个监视系统的数据在需要的时候上传。拨号电话方式适用于对通信速率不高的场合，如远程抄表等。

采用电话线传输数据利用了电话网的现有资源，具有简单、投资少和使用方便等优点。但是也同时存在着传输速率受限、难以完全覆盖需要的区域、传输差错率较高、传输距离不宜太远等不足。

（五）无线通信

无线电通信系统是一种覆盖面广的通信方式，不需要传输线，可以构成双向通信，且所有的无线电通信系统都能够和停电区域通信。传统的无线通信主要包括调幅（AM）广播、调频（FM）广播、甚高频（VFH）无线电、特高频无线电，微波和卫星通信。

1. 调幅（AM）广播

调幅广播是对信号进行相位调制后以幅度调制的形式调制到载波上，通过发射系统发送出去，是一种单向的广播方式。用于配电自动化的调幅广播采用不干扰现有无线调幅广播电台的频率范围工作，一般应用于对大量的用户进行负荷控制。与甚高频通信相比，调幅广播的波长更长，因而传输的距离较长，且不受视距和障碍物的影响，一般没有多路径效应。调幅广播适用于地形复杂区域的配电自动化系统的需要。

2. 调频（FM）广播

调频辅助通信业务（FM/SCA）是通过对一个负载波进行频率调制，而将信号在调频波段分开传输的通信方式。只有经过特殊制作的接收机才能检测到并解调出这个信号来，普通的调频收音机则无法接收。FM/SCA 也是一种单向通信方式，常用于配电自动化系统的负荷控制。由于 FM/SCA 工作频率较高，因此容易受到多路径效应和障碍物的影响，并且往往受到视距的限制。

3. 甚高频通信

频率在 30～300 MHz 的无线电波段被称作甚高频（VHF）。建设甚高频通信系统需要得到无线电管理委员会的许可。在 VHF 频段，可采用 200 MHz 数传电台来实现配电自动化的通信，224～228 MHz/228～231 MHz 已开辟为无线负荷控制的专用通道。甚高频通信能保持和停电区域通信，但其信号容易受到多路径效应和障碍物的影响。同时，电视信号、寻呼台及对讲机等对其有一定干扰。在国外甚高频大量应用于配电网自动化中各分测控点与区域工作站之间的通信，甚至还用作主干通道。

4. 特高频通信

特高频（UHF）是指频率在 300～1 000 MHz 的无线电波段。配电自动化目前常用的是 800 MHz 的频段。800 MHz 频段具有较强的绕射能力，接收终端天线尺寸小，数传电台体积小、重量轻，可直接安装于线杆上。与较低频率的通信方式相比，特高频信号的覆盖范围更小，最大传输距离为 50 km（视距），同时也更容易受到多路径效应的影响。但是 UHF 通信比较可靠，不易受到其他通信服务业务的干扰，而且通信速率可高达 9 600 bit/s。由于通信受到视距的影响，用于多山的环境时，需采用中继器。

5. 微波通信

微波通信的频率在 1 GHz 以上，目前广泛用于继电保护和输电网调度自动化系统中。微波通信方式的传输容量大、质量高、配置灵活，尤其在一点多址的小微波（TDMA）推出后，更加增强了其使用性能。微波通信可以省去建设有线传输线的费用，且具有很宽的带宽，能实现很高的数据传输速率。但微波通信是点对点的通信方式，对每个测控点都要安装一对微波通信设备，所以对于通信距离短、对数据传输速率要求不高且拥有为数众多的测控点的配电自动化系统来说，建设一套微波通信系统的造价高且技术复杂，使得微波通信在配电自动化中不具有吸引力。

6. 卫星通信

卫星通信是利用位于同步轨道的通信卫星作为中继站来转发或反射无线电信号进行通信的。和微波通信相比，卫星通信的优点是不受地形和距离的限制、通信容量大、不受大气骚动的影响、通信可靠。一般地面通信线路的成本随着距离的增加而提高，而卫星通信与距离无关。所以卫星通信更适合用于长距离干线或幅员广大的地区。采用卫星通信的另一个用途是利用GPS全球定位系统来统一系统时间，提高SOE站的分辨率。

7. GPRS、CDMA 1X通信

GPRS（General Packet Radio Service）为通用无线分组业务的简称，通用无线分组业务是一种基于GSM系统的无线分组交换技术，提供端到端的、广域的无线IP连接。GPRS充分利用共享无线通信，采用IP Over PPP实现数据终端的高速、远程接入。作为现有移动GSM网络向第三代移动通信演变的过渡技术，GPRS具有充分利用现有GSM的网络、资源利用率高、始终在线、传输速率高、资费合理等特点。

GPRS通信模块就是为使用GPRS服务而开发的无线通信终端设备。在电力自动化系统中，现场终端设备通过和GPRS通信模块连接，可实现数据的远传。系统主站根据系统接入终端设备的数量，选择采用GPRS通信模块接入、Internet接入、专线方式和GPRS网关设备连接接入，实现和现场终端设备的通信。

GPRS业务，具有接入迅速、永远在线、流量计费等特点，在远程突发性数据实时传输中有不可比拟的优势，特别适合于频发小数据量的实时传输，因而GPRS业务在某些行业上有特殊的应用。

CDMAIX 为基于 CDMA 无线通信网上的 2.5 代通信技术，其特点和使用方式类似于 GPRS。

根据配电网的特点和具体情况，采用某一单一方式的通信系统不一定很合适，很可能在不同的层次上采用不同的通信方式，从而构成一种混合通信系统。

六、配电网地理信息系统

（一）地理信息系统简介

地理信息系统（Geographic Information System，GIS）是在计算机软硬件技术支持下采集、存储、管理、检索和综合分析各种地理空间信息，以多种形式输出数据与图形的计算机系统。GIS 是综合处理和分析空间数据的一种技术体系。作为基于地理信息的管理系统，它本身最大的特色是所见即所得，满足用户视觉上的直观性。GIS 基于图形的分析功能是它的特色。

通常把 GIS 系统要处理的信息分为两类：第一类是反映事物空间位置的信息，从计算机的角度通常称为空间位置数据，也称地图数据或图形数据；第二类是与事物的地理位置有关且反映事物其他特征的信息，通常称为专题属性信息或专题属性数据。在 GIS 系统中，事物空间位置最基本的表示方法是点、线、面和三维表面。

GIS 系统最基本的功能是将分散收集到的各种空间、属性信息输入到计算机内，建立起有相互联系的数据库，当外界情况变化时，只要更改局部数据，就可维持数据库的有效性和完整性。查询、分类是 GIS 系统最简单也是最常用的分析功能。例如，空间数据可以显示在计算机的屏幕上，指定任意的空间位置就可以知道有关事物的属性；当用光标选择了若干污染检测站、地下电缆、供电区域时，马上就可以知道对应的检测资料，即缆径，埋深、用途、入口、用电量等，电线的长度、供电区域的面积均可由自动计算获得。

（二）功能分析

配电自动化地理信息系统，应以站内自动化、馈线自动化、负荷控制与管理、用户抄表与自动计费等四个子系统的地理信息管理为目标，并将相关的 MIS 管理信息系统和实时信息融合进来，实现图形和属性的双重管理功能。配电网地理信息系统将主要完成以下功能。

1. 数据预处理功能

（1）图形数据的录入、转换和编辑：图形数据包括道路图、建筑物分布图、行政区规划图、地形图、配电网设备分布图等。

（2）属性数据的录入、转换和编辑：与线路图形数据对应的还有属性数据，即对图形相关要素的描述信息。

（3）属性数据与图形数据的绑定：已经数字化（或扫描）的图形数据和录入（或转换）的属性数据要通过绑定才能相互对应起来，才能实现基于图形的查询和管理功能。

（4）与配电网 SCADA 系统的接口：包括从 SCADA 系统获取实时信息，并将其动态转换到 GIS 环境下。

2. 图形操作与制图输出

（1）配电系统的设备分布图的显示（含任意缩放、平移、全图及图层管理等）。

（2）配电系统的设备运行图的数据及运行状态信息显示。

（3）网络沿线追踪显示，以便查看沿线设备及基础地形信息。

（4）无缝图幅实时显示，实现大范围无缝配网图、基础地形图的无延时漫游显示功能。

（5）根据系统网络设备分布图（基于地形图背景）的网络结构模型和实时数据，直接自动生成反映网络运行情况的图表。

（6）工程图纸输出功能含有系统网络分布网及其属性数据复合生成的工程图，支持工程图与属性表的混合输出及工程图纸输出。同时还包括按任意比例输出全图和局部图。

3. 变电站自动化子系统

(1) 配电网中配电设备的信息查询

直接在配电系统图上维护、搜索和查询配电设备(小区变、箱式变、10 kV开闭所、柱上断路器、电杆、变台等),并能统计任意范围内的配电设备信息。这种查询能在设备的地理分布图(分层图和合成图)的基础上,经由鼠标圈点或简单的条件输入实现。

(2) 站内运行方式分析

变电站内部是一复杂的拓扑网络结构。利用GIS中的变电站运行分析功能对变电站内各种设备的运行状态进行分析,并将开关状态的改变对馈线的影响实时反映到地理图上。运行状态分析还包括开关变位的追踪分析,即事故重演。

(3) 变电站供电范围分析与显示

以图形方式显示被选变电站的供电区域,并对该区域内的各项指标进行统计分析。例如,用户数量及其分布、用电量和电压质量等。

(4) 故障区域分析与显示

① 发生故障时,快速推算出受影响的区域,并将该区域的地理图显示出来。

② 变电站故障引起的停电区域显示。

③ 变电站故障引起的馈线停电分析。

④ 故障数据分析。

(5) 最优化停电隔离点决策

当接收到故障停电报警信号或者某个设备需要检修时,自动分析、决策出最小停电范围的最优化停电隔离点,为开具抢修操作票提供依据。

4. 馈线自动化子系统的地理信息管理

(1) 供电线路的信息查询:包括架空线路、地埋电缆、通信线路,电缆沟、电杆直径等线路参数的查询。

（2）配电线路供电范围的分析与显示：以图形方式显示被选线路的供电区域，并对该区域内的各项指标进行统计分析。

（3）区域分析与显示：

① 快速推算供电线路故障时受影响区域，并将该区域的地理图显示出来。

② 过负荷线路地理图的显示。

（4）线路运行辅助管理：根据线路的地理走向分布及其周围的地理情况，确定最合理的巡检路线。特别是当供电线路发生故障时，能及时进行分析、定位和辅助抢修指挥。

（5）沿线追踪显示：以图形方式实现设备的快速定位，查看配电网沿线设备的实际地理位置（基础地形信息）和属性数据、图片档案等信息。

（6）实时信息处理：根据 SCADA 系统提供的实时信息，在地理图上快速反映主接线的实时运行状况，计算各馈线出线当月累计有功电量与无功电量，并绘制馈线出口处的负荷曲线。

（7）线损计算：根据每回配电线路的当月供售电量，计算理论线损、实际线损、并按馈线区域统计、显示和打印线损报表及统计分析图表。

（8）动态组编辑：可将配电网中不同层的要素（如电杆、变压器、线路等）组成一个动态组，在进行动态调整时，例如对电杆移位时，位于该电杆上所有的线路和设备同时自动移位，并保持原有拓扑关系不变，以方便用户编辑和维护。

5. 负荷控制子系统的地理信息管理

结合独立运行的负荷监控实时系统，以用户的负荷控制终端基本数据为依据，实现在地图上标示各类电力用户负荷数据，并在此基础上，提供各类地理信息的查询、分析以及实时数据的显示。

（1）信息元的创建和删除：含负荷中心的负荷终端、电力用户的创建及删除。

（2）终端信息查询：根据用户提供的条件，查询电力用户负荷和控制终端，同时闪烁显示其地理位置，统计显示终端信息。

（3）实时数据的显示：单击每个负荷终端国标，系统将自动访问负荷控制与管理子系统的相关数据库，搜索该终端的基本数据信息和实时数据信息，并回显到屏幕上，供用户参阅。

（4）高负荷区域显示：指大用户的负荷分布区域显示。

（5）负荷密度分析：包括区域密度分析、线路密度分析和负荷密度率分析等，任意范围的负荷预测，以辅助电网规划。

（6）负荷转移决策：当故障或检修需要停电时，要将部分负荷转移到其他变电站或本站的其他出线中。负荷转移决策将为调度人员或抢修人员提供最优化的负荷转移方案。

（7）与用电管理部门接口：根据用户的报装和用户地址信息以及配电系统当前情况，辅助进行负荷审批。

6. 用户抄表与自动计费子系统的地理信息管理

远方抄表与自动计费子系统，应向配电地理信息系统传送用户地址、用户名称、用电负荷等信息，以便地理信息系统可以显示抄表区域和区域负荷情况，使数据更加直观。

第三节　电网调度自动化

一、电力系统运行状态和相应的调度控制

由于电力负荷始终是变动的，而且系统故障具有不可预见性，为了有效地控制电力系统，需要将电力系统的运行状态进行分类，以便在不同运行状态时对电力系统实行控制。电力系统的运行状态可以用一组包含电力系统状态变量（如各节点的电压幅值和相位角）、运行参数（如各节点的注入有功功率）和结构参数（网络连接和元件参数）的微分方程组描述。目前，电力系统运行状态尚没有严格定义，一般将其分为正常状态、警戒状态、紧急状

态、崩溃状态和恢复状态。

（一）电力系统的正常运行状态和非正常运行状态

从客观上讲，电力系统的运行状态可分为正常状态和非正常状态。电力系统正常运行时，运行参数在允许的上、下限值之内。如果有一个或几个运行参数在允许的上、下限之外时，电力系统就处于不正常状态了。

（二）电力系统运行状态及其相应的调度控制

1. 正常运行状态

正常运行状态时，系统满足所有的约束条件，即有功功率和无功功率都保持平衡，给所有负荷正常供电，电压、频率均在正常的范围内，各种电力设备都在规定的限额内运行，同时还有足够的备用裕度，因而可以承受各种预计的扰动，而不产生任何有害的后果。

2. 警戒状态

电力系统受到严重的扰动或者一系列小扰动（如负荷持续升高等）逐步积累，使电力系统总的备用裕度减少、安全水平降低后，就可能进入警戒状态。在警戒状态下，各种约束条件也能满足，但随时都有可能由于一个偶然故障或渐进性的负荷增加，使某些不等式约束条件被破坏，而校正越限时会导致丢失负荷。因而处于警戒状态的电力系统是欠安全的，应及时采取预防性控制措施，使电力系统恢复到正常状态。

3. 紧急状态

一个处于正常状态或警戒状态的电力系统，如果受到严重干扰，例如短路和大容量机组被切除，使运行极限被破坏，系统就进入了紧急状态。这时系统频率、电压和某些线路潮流都可能严重越限，但系统中的发电机组仍然可继续同步运行。紧急状态下的电力系统是危险的，如不及时采取有效的控制，系统可能失去稳定，导致大量发电机组跳闸或甩掉大量负荷，使等式约束条件也遭破坏。这时电网调度控制应尽快消除故障的影响，采取紧急控制措施，争取使电力系统恢复到警戒状态或正常状态。

4. 崩溃状态

在紧急状态下，如果不能及时消除故障和采取适当的控制措施，或者措施不得力，电力系统可能失去稳定。在这种情况下为了不使事故进一步扩大并保证对部分重要负荷供电，自动解列装置可能动作，调度人员也可以进行调度控制，将一个并联运行的电力系统解列成几部分。这时电力系统进入了崩溃状态。系统崩溃时，在一般情况下，解列成的各个子系统中等式约束条件和不等式约束条件均不能成立。一些子系统由于电源功率不足，不得不切除大量负荷；而另一些子系统可能由于电源功率大大超过负荷而不得不让部分发电机组解列。

5. 恢复状态

通过自动装置和调度人员的调度控制，在崩溃系统大体上稳定下来以后，可使系统进入恢复状态。这时调度控制应重新并列已解列的机组，增加并联运行机组的出力，恢复对用户供电，将已解列的系统重新并列。根据实际情况将系统恢复到警戒状态或正常状态。

（三）电网调度的任务

电网调度是电力系统生产运行的一个重要指挥部门，负责领导电力系统内发电、输电、变电和配电设备的运行，负责系统内重要的操作和事故处理。可以说，电力系统能够安全经济运行，能够连续地向广大用户供应符合质量标准的电能，是与各级电力系统调度所做的工作密不可分的。

电网调度的任务可概括为：监视、控制整个电力系统的运行方式，使电力系统在正常状态下能满足安全、优质和经济地向用户供电的要求；在缺电状态下做好负荷管理；在事故状态下迅速消除故障的影响和恢复正常供电。电网调度自动化系统的任务是综合利用电子计算机、远动和远程通信技术，实现电力系统调度管理自动化，有效地帮助电力系统调度员完成调度任务。

根据电力工业的基本课程和电网调度的工作任务，电网调度的几项基本工作主要包括：预测负荷、编制发电计划、倒闸操作、事故处理、经济调度。

（四）电力系统的分层调度控制

1. 分层调度控制与集中调度控制

从理论上讲，可以对电力系统实行集中调度控制，也可以实行分层调度控制。所谓集中调度控制就是把电力系统内所有发电厂和变电站的信息都集中在一个调度控制中心，由一个调度控制中心对整个电力系统进行调度控制。从经济上看，由于电力系统的设备在地理位置上分布很广，通过远距离通道把所有的信息传输并集中到一个地点，投资和运行费都是比较高的。从技术上看，把数量很大的信息集中在一个调度中心，使得调度中心的规模巨大，计算机系统复杂。另一方面，调度值班人员不可能全部顾及和处理。此外，从数据传输的可靠性看，传输距离越远，受干扰的机会就越大，数据出现错误的机会也就越大。

鉴于集中调度控制的缺点，目前世界各国的大型电力系统都是采用分层调度控制的。国际电工委员会标准提出的典型分层结构就将电力系统调度中心分为主调度中心、区域调度中心和地区调度中心。这些相当于中国的大区电网调度中心（简称网调）、省调度中心（简称省调）和地区调度所（简称地调）。分层调度控制将全电力系统的监视控制任务分配给属于不同层次的调度中心。下一层调度除完成本层次的调度控制任务外，还接受上一级调度组织的调度命令并向上层调度传递所需信息。

2. 我国电网的分层调度

我国目前的电力体制已实现厂网分开，成立了国家电网公司和南方电网公司。网公司管辖五个大电网以及一些省网，并且在大网之间通过联络线进行能量交换。网公司目前管辖着广东、广西、云南、贵州等省网。

我国现行电网运行、管理体制实行五级分层调度管理，以国家电网公司系统而论，五级调度分别是：国家电网调度、大区级电网调度、省级电网调度、地（市）级电网调度和县级电网调度。

电网调度管理实行分级管理的体系，奠定了电网分层控制的模式，各级调度中心是各级电网控制中心，信息分层采集，逐级传送，命令也按层次逐级下达，各级调度都规定了相应的职责。以上各级调度之间实现数据通信，并逐步联成网络，构成对电力系统的运行实行分层控制的调度自动化系统。因此我国电网调度的基本原则是统一调度、分级管理、分层控制。

在实行厂、网分开，竞价上网和市场化取向的电力体制下，发电厂与电网公司实现了产权分离，发电企业不再由电网公司管理，而分属于新成立的大唐、华能、华电、中国电力投资集团等发电公司管理，但发电厂仍必须遵守统一调度的原则，所有并网电厂必须与相应的电网调度中心签订并网调度协议，以确保整个电网的安全、优质、经济运行。

二、电网调度自动化系统的功能

现代电力系统的运行控制，与其他各种工业生产系统相比，更为集中统一，也更为复杂。各种发电、变电、输电、配电和用电设备，在同一瞬间，接着同一节奏，遵循着统一的规律，有条不紊地运行着。各个环节环环相接，严密和谐，不能有半点差错。电力系统一旦发生事故，就会在一瞬间影响到非常广大的地区，危害十分严重，必须及时地发现和排除。所有这一切，都决定了现代电力系统必须要有一个强有力的、拥有各种现代化手段、能够保证电力系统安全经济运行的调度中心。

电网调度自动化系统是一个总称，由于各个电网的具体情况不同，可以采用不同规格、不同档次、不同功能的电网调度自动化系统。

（一）监视控制与数据采集系统（SCADA）

SCADA 系统是调度自动化系统应有的基本功能。它完成电力系统实时数据的采集和电力系统运行状态的监控。监视是对电力系统运行信息的采集、处理、显示、告警和打印以及对电力系统异常或事故的自动识别。控制则是指通过人机联系设备对断路器、隔离开关等设备进行远方操作的开环性控制。

SCADA 系统主要包括以下一些功能。

1. 数据采集

数据采集的主要任务是和各 RTU 交换信息。它是调度端远动和计算机内处理远动信息的软件功能的集合。它包括：调度端远动通信装置和厂、站端 RTU 交换信息功能；调度端远动处理厂、站 RTU 或主机送来的信息；调度端远动和主机交换信息等功能。

SCADA 系统进行数据采集的过程为：厂、站内部 RTU 或综合远动装置扫描并快速更新厂、站 RTU 内部数据；调度主站周期查询厂、站 RTU；厂、站 RTU 向调度主站计算机传送所要求的数据；调度主站计算机进行数据校验、检错、纠错；将数据转换成标准形式并送入主机数据库。

2. 数据预处理

在电力系统信息的收集和传输过程中，由于测量装置和传输设备的误差以及传输过程中的各种外界干扰，使得通过信息传输系统传送过来的数据具有不同程度的误差和不可靠性。如果直接利用这些原始数据进行电力系统监视和控制，就有可能做出错误的判断和决策。因此，由信息传输系统直接送来的信息被存入数据库以前，必须对这些数据进行合理性检查和可信性校验及处理等。

数据的预处理有些可在厂、站端 RTU 进行，大量的数据预处理工作都在主控端由状态估计等软件模块进行。

3. 信息显示和报警

调度端将系统运行的动态参数和设备状态进行显示，供调度员监视系统的运行状态。当运行参数越限或设备状态发生非预定变化时及时向调度员告警。对电力系统监视的内容包括电能质量监视、安全限制监视、开关状态监视、停电监视、计划执行情况监视、设备状态监视、保护和自动装置监视。

信息显示的方法有模拟盘和彩色监视器。常用的画面有厂站接线单线图、系统接线图、表格、曲线、棒图/饼图、目录。这些画面的修改或命令的执行大多采用鼠标。

报警的方法有很多，可使画面的某处闪光、变色，也可发出音响。有的在画面固定处出现报警信息；有的自动推出报警画面，调度员可对报警进行确认。

4. 调度员遥控遥调操作

调度员利用计算机进行远方开关倒闸操作及远方模拟量调节，为了避免误操作，一方面通过返信校验法检查命令是否正确。当厂站 RTU 收到控制命令并不立即执行，而是在当地先校核一下命令是否合理，如果命令正确，RTU 将反校信息送回主站，主站将发出的信息和回收的信息进行比较，当两者一致时再发出执行命令。RTU 执行了遥控命令后再发回确认执行信息；另一方面，在画面上开窗口或者在另一屏上显示操作提示信息，按此提示信息一步一步地操作。每步操作结果都在画面上用闪光、变色、变形等给出反应，不符合操作顺序或操作有错则拒绝执行。

5. 信息储存和报表

统计是对实时数据进行一些简单的算术运算。例如累计地区的和全网的负荷、区域交换电量、全网发电量、水火电量比、周波不合格时间、合格率、越限数据的限值及其发生时间、事故分类统计等。

数据保存是系统运行的一项任务。根据要保存数据的性质，存储的时间长短也不同。例如月、年累计数据，典型目的实时和统计数据、负荷预测用的负荷样本、事故历史资料等这些数据应能很方便地检索和修改。这些历史数据可提供给财务及设计和规划部门使用。

6. 事件顺序记录和事故追忆

事件顺序记录（SOE）和事故追忆（PDR）主要用于记录系统发生异常情况和事故发生的顺序，以便事故后分析事故用。

（1）事件顺序记录：电力系统发生事故后，运行人员从遥信中能及时了解断路器和继电保护的状态改变情况。为了分析系统事故不仅需要知道断路器和保护的状态，还应掌握其动作的先后顺序。把发生事故时各种断路器、继电保护、自动装置的状态变化信号按时间顺序排队，并进行记录，这就是事件顺序记录。事件顺序记录主要用来提供时间标记，表明什么事件在何时发生，因而记录的内容除断路器信号及其状态外，还应包括确切的动作时间。

（2）事故追忆：为了分析事故，要求在一些重要断路器发生事故跳闸时，不仅把事故瞬间及事故以后，而且包括事故发生前一段时间的有关遥测量记录下来送往调度端，这种功能称为事故追忆。

事故追忆功能用于记录电力系统事故前后的量测数据和状态数据，保留事故前和事故后若干数据采集周期的部分重要实时数据或全部量测值，如频率、中枢点电压、主干线潮流等。主站系统软件将部分重要量测量记入追忆缓冲存储器，当正常数据追忆缓冲区满时，来新数据，覆盖最老数据。当电力系统发生事故，状态量的变化和量测值越限可引起事故追忆动作（数据冻结），当事故追忆启动后，再记录一段时间的量测数据。事故追忆数据可以存储在磁盘上，以后可以在单线图上“实时”再现一次事故过程。

（二）网络拓扑分析

网络拓扑分析的基本功能是根据断路器的开合状态（遥信信息）和电网一次接线图来确定网络的拓扑关系，即节点－支路的连通关系，为其他的电力系统分析、应用做好准备。

在网络拓扑分析之前需要进行网络建模。网络建模是将电力网络的物理特性用数学模型来描述，以便用计算机进行分析。电网的数学模型包括发电机组、变压器、导线、电容器、负荷、断路器等。网络建模用于建立和修改网络数据库，为其他应用如状态估计、潮流计算等定义电网的网络结构。

网络模型分为物理模型和数学模型。物理模型（节点模型）是对网络的原始描述。数学模型是随断路器状态变化，与网络方程联系在一起，用于网络分析计算的模型。

网络拓扑分析根据断路器状态和电网元件关系，将网络物理模型转化为计算用数学模型，运用堆栈原理，搜索网络图的树枝，来判断支路的连通状态，划分电网中的各拓扑岛。当电网解列时，网络拓扑分析可以给出各子系统的拓扑结构。此外，利用网络拓扑结果可以标志电网元件的带电状态，进行网络的跟踪着色，用直观形象的方式表示网络元件的运行状态和网络接线的连通性。EMS 中的网络拓扑分析可以用于实时模式或研究模式，由断路器变位事件驱动或召唤启动。

网络拓扑分析是其他高级应用软件的基础。网络拓扑软件应可靠、方便、快速。

（三）自动发电控制系统

电网调度中的电网控制功能是多种多样的，包括电压控制、负荷控制以及自动发电控制（Automatic Generation Control，AGC）。由于电力系统负荷预测模型的不准确和算法的误差，发电机组的出力和系统调度 EMS 中的负荷预测得到的负荷预测总存在着一定的差距，自动发电控制（AGC）就是通过监视电厂出力和负荷之间的差异，来控制机组的出力，以满足不断变化的用户电力需求，达到电能的发供平衡，并使整个系统处于经济运行状态。AGC 是 EMS 的有机组成部分，需要在其他应用软件的支持下工作。此外，还与系统调度员和发电厂调度员有着密切的关系。

AGC 所需的负荷预测不仅是短期的，还需要超短期的。超短期负荷预测与发电计划相结合，达到尽可能密切的调峰跟踪。状态估计可以每 10 min 向 AGC 提供各机组和联络线交接点的运行参数，使 AGC 做到电网处于合理优化运行方式。如果状态估计发现有线路潮流过负荷，则启动实时安全约束调度软件，提出解除过负荷的措施，以改变发电厂发电功率限值的方式送给 AGC，由下一个周期开始 AGC 将自动进行解除支路过负荷的调整。

发电计划是 EMS 中发电级的核心应用软件，它向 AGC 提供基点功率值，对电力系统经济调度起着关键作用。

（四）调度员培训仿真系统

随着电力工业的飞速发展，大容量互联系统和直流、核电等新设备相继出现，电力系统自动监控的水平也不断提高，电力系统对运行的安全可靠性提出了越来越高的要求；同时现代化生活和生产使得用户对供电质量及可靠性也提出了更高的要求，为保证电网的安全、经济运行，电力系统运行操作人员必须具有丰富的知识、经验和能力。因此，对电厂和电网运行人员的仿真培训是必要的。调度员培训仿真系统 DTS 就是培训运行操作人员的有效工具。它利用计算机模拟实际电力系统的运行特性，用调度运行人员熟悉或易于掌握的人机界面，逼真地再现受训者所在电力系统的静态和动态特性，以对调度员、运行支持及决策人员进行演示和培训，使他们有一种身临其境的感觉，可以增进对系统的了解，积累处理事故的经验，提高处理事故的能力。

DTS 对电力系统动态行为进行逼真的模拟，严格模拟调度室中人机会话操作过程，并且要能体现能量管理系统（EMS）的全部功能。在线运行 DTS 可以取得更好的培训效果。因此 DTS 应可以共享 SCADA 系统的实时数据和历史数据，而且保持环境一致，即数据采集、发电计划、网络分析等采用与控制中心相同的画面及信息，使学员与调度员面对的环境完全一致。

DTS 不仅能使调度员在真实的操作环境中对其所在电网及相邻电网的特性和薄弱环节有深入地了解，掌握保证电能质量和预防发生重大事故的能力，积累迅速正确地判断和处理各种故障的经验，另外还可以对运行支持人员，规划和决策人员、软硬件研发人员和控制中心设计人员等进行培训。

三、电力系统状态估计

（一）电力系统状态估计的必要性

电力系统的状态是由电力系统的运行结构和运行参数来表征的。电力系统的运行结构是指在某一时间断面电力系统的运行接线方式。电力系统的运行结构有一个特点，即它几乎完全是由人工按计划决定的。但是，当电力系统的运行结构发生了非计划改变（如因故障跳开断路器）时，如果远动的遥信没有正确反映，就会出现调度计算机中的电力系统运行接线与实际情况不相符的情况。电力系统的运行参数可以由远动系统送到调度主站，这些参数随着电力系统负荷的变化而不断地变化，这些数据称为实时数据。

SCADA 系统收集了全网的实时数据，存储到实时 SCADA 数据库中。SCADA 实时数据库存在下列明显缺点：数据不齐全、数据不精确、受干扰时会出现不良数据、数据不和谐等。由于 SCADA 实时数据有这些缺点，因而必须找到一种方法能够把不齐全的数据填平补齐，对不精确的数据“去粗取精”，同时找出错误的数据“去伪存真”，使整个数据系统和谐严密，质量和可靠性得到提高。这种方法就是状态估计。

电力系统状态估计就是对电力系统的某一时间断面的遥测量和遥信信息进行实时处理，自动排除偶然出现的错误数据和信息，提高实时数据的精确度，补足缺少的数据和信息，从而获得表征电力系统运行状态的完整而准确的信息。

（二）状态估计的基本原理

1. 测量的冗余度

状态估计算法必须建立在实时测量系统有较大冗余度的基础之上。对那些不随时间而变化的量，为消除测量数据的误差，常用的方法就是多次重复测量。测量的次数越多，它们的平均值就越接近真值。

但在电力系统中不能采用上述方法。因为电力系统运行参数属于时变参数。消除或减少时变参数测量误差必须利用一次采样得到的一组有多余的测量值。这里的关键是“多余”，多余的越多，估计得越准，但是会造成在测点及通道上的投资越多，所以要适可而止。

对其的一般要求是

测量系统的冗余度 = 系统独立测量数 ÷ 系统状态变量数 =（1.5～3.0）

2. 状态估计的步骤

状态估计可分为以下四个步骤。

（1）假定数学模型：是在假定没有结构误差、参数误差和不良数据的条件下，确定计算所用的数学方法。

（2）状态估计计算：根据所选定的数学方法，计算出使“残差”最小的状态变量估计值。所谓残差，就是各测量值与计算的相对估计值之差。

（3）检测：检查是否有不良量测值混入或有结构错误信息。如果没有，此次状态估计即告完成。如果有，转入下一步。

（4）识别：识别也叫辨识（Identification），是确定具体的不良数据或网络结构错误信息的过程。在除去或修正已识别出来的不良量测值和结构错误后，重新进行第二次状态估计计算，这样反复迭代估计，直至没有不良数据或结构错误为止。

3. 不良数据的检测方法

不良数据的检测与识别是很重要的，否则状态估计将无法投入在线实际应用。当有不良数据出现时，必然会使目标函数 J 大大偏离正常值，这种现象可以用来发现不良数据。为此可把状态估计值代入目标函数中，求出目标函数的值，如果大于某一门槛值，即可认为存在不良数据。

四、安全分析与安全控制

电力系统安全性包括两个方面内容：（1）电力系统突然发生扰动时不间断地向用户提供电力和电量的能力。（2）电力系统的整体性，即电力系统维持联合运行的能力。

电力系统安全控制的主要任务包括：对各种设备运行状态的连续监视；对能够导致事故发生的参数越限等异常情况及时报警并相应进行调整控制；发生事故时进行快速检测和有效隔离，以及事故时的紧急状态控制和事故后恢复控制等。

（一）安全分析

1. 静态安全分析

一个正常运行的电网常常存在许多的危险因素。要使调度运行人员预先清楚地了解到这些危险并非易事，目前可以应用的有效工具就是在线静态安全分析程序。通过静态安全分析可以发现当前是否处于警戒状态。

（1）预想故障分析

预想故障分析是对一组可能发生的假想故障进行在线的计算分析，校核这些故障发生后电力系统运行方式的安全性，判断出各种故障对电力系统安全运行的危害程度。预想故障分析可分为三部分：故障定义、故障筛选和故障分析。

（2）计算方法

计算采用的算法有直流潮流法、P-Q 分解法和等值网络法等。

直流潮流法的特点是将电力系统的交流潮流用等值的直流电流代替，用直流电路的解法来分析电力系统的有功潮流，不考虑无功分布对有功的影响。这样加快了计算速度，直流潮流法的缺点是计算精度差，因此有被其他方法取代的趋势。但是直流法仍旧是目前最成熟和应用最广泛的一种方法。

分解法占用计算机的内存少、计算速度快、精度比较高。所以不仅在离线的计算中占主导地位，而且也适应实时分析的需要。与直流法相比，P-Q 分解法不仅可以解出在预想故障下各联络线的潮流分布，用于估计是否过负荷，而且还能求出各节点的电压幅值，用于估计是否过电压。

等值网络法。现代的大型电力系统规模庞大，往往由成百个节点和线路组成。在实施分析中需要存储大量的网络参数和实时数据，进行大量的计算。这样不仅要求调度计算机容量巨大，而且每次分析的时间较长，达不到预防性控制的实时性要求。为此，根据一定的标准和运行经验，把一个大系统分为几部分，视不同情况进行等值处理，以减少计算机储存容量和提高运算速度。

安全分析的重点是系统中较为薄弱的负荷中心。而远离负荷中心的局部网络在安全分析中所起的作用较小，因此在安全分析中可以把系统分为两部分：待研究系统和外部系统。待研究系统就是指感兴趣的区域，也就是要求详细计算模拟的电网部分。而外部系统则指不需要详细计算的部分。安全分析时要保留“待研究系统”的网络结构，而将“外部系统”化简为少量的节点和支路。实践经验表明，外部系统的节点数和线路数远多于待研究系统，所以等值网络法可以大大降低安全分析中导纳矩阵的阶数和状态变量的维数，从而使算的过程大为简化。

2. 动态安全分析

稳定性事故是涉及电力系统全局的重大事故。正常运行中的电力系统是否会因为一个突然发生的事故而导致失去稳定，是电力系统分析的一个主要方面。校核假想事故后电力系统是否能保持稳定运行的离线稳定计算，一般采用数值积分法，逐时段地求解描述电力系统运行状态的微分方程组，得到动态过程中状态变量随时间变化的规律，并用此来判别电力系统的稳定性。这种方法计算工作量很大，无法满足实施预防性控制的实时性要求。因此要寻找一种快速的稳定性判别方法。但到目前为止，还没有很成熟的算法，已取得一定研究成果的有模式识别法、李雅普诺夫法以及我国学者创新研发的扩展等面积法。

（二）安全控制

1. 正常运行状态（包括警戒状态）的安全控制

为了保证电力系统正常运行的安全性，首先在编制运行方式时就要进行安全校核；其次，在实际运行中，要对电力系统进行不间断的严密监视，对电力系统的运行参数如频率、电压和线路潮流等不断地进行调整，始终使电力系统保持在尽可能的最佳状态；同时，还要对可能发生的假想事故进行后果模拟分析；当确认当前属警戒状态时，可对运行中的电力系统进行预防性的安全校正。

编制运行方式是各级调度中心的一项重要工作内容。运行方式编制得是否合理直接影响系统运行的经济性和安全性。运行方式的编制是根据预测的负荷曲线做出的。对运行方式进行安全校核，就是用计算机根据负荷、气象、检修等运行条件的变化，并假定一系列事故条件，对未来某时刻的运行方式进行安全校核计算。

正常运行时，对电力系统进行监控由调度自动化系统的 SCADA 系统完成。SCADA 系统监控不断变化着的电力系统运行状态，如发电机出力、母线电压、线路潮流、系统频率和系统间交换功率等，当参数越限时发出警报，使调度人员能迅速判明情况，及时采取必要的调控措施来消除越限现象。此外，自动发电控制和无功/电压控制（AVC），也是正常运行时安全监控的重要方面。

对可能发生的假想事故进行分析由电网调度自动化系统中的安全分析模块完成。电网调度自动化系统可以定时地或按调度人员随时要求启动该模块，也可以在电网结构有变化（即运行方式改变）或某些参数越限时自动启动安全分析程序，并将分析结果显示出来。根据安全分析的结果，若某种假想事故后果严重，即说明系统已进入警戒状态，可以预先采取某些防范措施，对当前的运行状态进行某些调整，使其在该假想事故之下也不产生严重后果，这就是进行预防性安全控制。

预防性安全控制是针对可能发生的假想事故会导致不安全状态所采取的调整控制措施。这种事故是否发生是不确定的。如果预防性控制需要较大地改变现有运行方式，对系统运行的经济性很不利，则需由调度人员根据具体情况做出决断；也可以不采取任何行动，但应当加强监视，做好各种应对预案。

2. 紧急状态时的安全控制

紧急状态时的安全控制的目的是迅速抑制事故及电力系统异常状态的发展和扩大，尽量缩小故障延续时间及其对电力系统其他非故障部分的影响。在紧急状态中的电力系统可能出现各种“险情”，例如频率大幅度下降、电压大幅度下降、线路和变压器严重地过负荷、系统发生振荡和失去稳定等，如果不能迅速采取有效措施消除这些险情，系统将会崩溃瓦解，出现大面积停电的严重后果，造成巨大的经济损失。以下分几方面叙述。

（1）电力系统的频率紧急控制

当系统内大机组突然退出运行，或有大宗负荷突然投入时，有功功率供需关系就突然遭到破坏，在发电厂出力严重不足的情况下，将引起电力系统频率大幅度急剧下降，威胁到电力系统的安全运行。如果不立即采取紧急措施恢复频率，可能导致一些发电机低频切机动作，形成出力不足和频率下降的恶性循环，最终引起系统频率崩溃和全系统瓦解，导致大面积用户被迫停电。在频率大幅度下降时，应当立即采取的紧急控制措施有以下几项：

① 立即增加具有旋转备用容量的发电机组的有功出力。

② 立即将调相运行的发电机组改为发电运行。

③ 立即将抽水蓄能电站的抽水机组改为发电运行。

④ 迅速启动备用机组。水轮发电机可由低频自启动装置启动，用自同期法可在 40 s 内将发电机与系统并列并带满负荷；燃气轮机组则可在几分钟内投入系统运行。

⑤ 由低频率减负荷装置根据频率降低的程度，自动分几轮切除不重要的负荷。

⑥ 可将发电厂内一台（或几台）机组与系统解列，专门带厂用电及部分重要用户，以避免频率继续下降使整个发电厂瓦解，同时还有利于恢复阶段的操作迅速进行。

⑦ 还可采用短时间里降低电压 5%～8%的办法。利用负荷的“电压效应”自动减少负荷，以缓和有功功率的供求不平衡，抑制频率的下降。

（2）电力系统的电压紧急控制

当无功电源（发电机、调相机、电容器或静止补偿器）被突然切除，或者无功电源不足的系统中无功负荷缓慢但是持续地增加到一定程度时，就有可能使电压大幅度下降到低于极限电压，以致发生所谓电压崩溃现象。

从电压下降到发生电压崩溃可能有几十秒到几分钟的时间，在这个时间内可以采取一些紧急措施。这些措施是：

① 立即加大发电机励磁电流，增加发电机的无功出力。甚至可以在短时间里允许发电机电流过载 15%。

② 立即增加调相机的励磁电流，增大调相机的无功出力。

③ 立即投入并联电容。调节静止补偿器使其发挥最大无功出力。

④ 迅速调节有载调压变压器分接头用以维持电压。

⑤ 启动备用机组。

⑥ 在上述方法均无效时，可将电压最低点的负荷切除。

（3）电力系统的过负荷紧急控制

当多条平行供电线路中有一条因故障而切除，其他线路就可能过负荷。系统联络线则可能由于一个系统突然丢失比较多的电源而过负荷。过负荷可能超过稳定权限而使系统失去稳定。变压器的过负荷会大大影响其使用寿命甚至烧毁。线路、开关等接头部分也会因过负荷造成的过热而损坏。许多著名的电力系统大事故，最初的起因也多半是线路过负荷。可见过负荷会引起严重的后果，必须及时予以控制。

对过负荷的安全控制不同于传统的过负荷保护。过负荷保护属于元件保护，它主要是保护过负荷的输变电设备本身免于因长期发热可能造成的毁坏，并不考虑该元件切除后对系统运行引起的不利后果，更没有考虑针对切除后果的措施。这种单纯的过负荷保护往往会引起更严重的系统事故。而过负荷安全控制则不同，它是以保护系统安全为前提，用切除部分电源或负荷的方法，消除某些元件的过负荷。

线路可以承受一个短时间的过负荷，这段时间可作为进行控制的整定时间。变压器过负荷控制更简单。当变压器过负荷时，直接跳开低压侧的部分负荷出线开关，切除部分负荷即列解除变压器过负荷。也可按各出线重要程度分成几级切除。

（4）电力系统的紧急稳定控制

电力系统发生故障后，由于处理不及时将使故障延续较长，导致电力系统稳定的破坏和引起电力系统振荡；或者由于发电机突然失磁、电源间的非同期合闸等原因引起系统振荡。当电力系统发生振荡时，各电源间联络线上的功率、电流和某些节点的电压均会呈现周期性的剧烈变化。电压振荡最强烈处被称为系统振荡中心。系统稳定性破坏和振荡是一种严重的系统性事故，将会严重影响用户的正常用电，损坏电气、机械设备，并导致系统瓦解。为此，必须采取控制措施，尽快平息振荡，恢复稳定运行。

紧急稳定控制的具体控制措施有：快速励磁、电气制动、快关汽门、切除部分发电机组、切除部分负荷和自动失步解列等措施，执行这些措施的装置被统称为电力系统安全自动装置。

3. 恢复状态时的安全控制

经过一场较为严重的事故，紧急状态安全控制的结果可能将电力系统解列成几个较小的系统，同时有一部分电源、负荷或线路被切除，这就是系统的崩溃状态。电力系统恢复状态时的安全控制就是将已崩溃的系统重新恢复到正常状态或警戒状态。

重大事故后的电力系统恢复过程是一个有序的协调过程。恢复状态的安全控制首先要使各独立运行部分的频率和电压都正常，消除各元件的过负荷状态，然后再将各解列部分重新并列，并逐个恢复停电用户的供电。

五、调度主站系统的硬件构成

（一）电网调度自动化系统的构成

实现电网调度自动化系统的设备可以统称为硬件，这是相对于各种功能程序－软件而言的。调度自动化主站系统的核心是计算机系统。电网调度自动化系统由三部分构成：调度计算机（主站）系统、通信设备和厂站端。要在调度中心对电力系统实行调度控制，就必须掌握表征电力系统运行状态的运行参数。

（二）调度计算机系统

调度计算机系统是调度自动化系统的一个子系统，它完成信息处理和加工任务，是整个调度自动化的核心。调度计算机系统主要由计算机硬件、软件和专用接口组成。

1. 调度计算机系统的配置

（1）单机系统

对于小型的调度控制中心，可以用工业控制微机为主机，配备简单的人机联系外部设备，构成单机系统。

为了减轻主机的工作负担，加快主机的响应时间，一般可用一台前置处理机（Front End Processor，FEP）作为主机与信息传输系统的接口。前置机是缓冲和处理输入或输出数据的处理机。它接收 RTU 送来的实时远动信息，经译码后还原出被测量的实际大小值和被监视对象的实际状态，显示在调度室的监视器上和调度模拟屏上，也可以按要求打印输出。这些信息还要向主计算机传送。另外，调度员通过键盘或鼠标操作，可以向前置机输入遥控命令和遥调命令，前置机按规约组装出遥控信息字和遥调信息字向 RTU 传送。

（2）双机系统

在对可靠性要求更高的规模较小的调度控制中心，为了提高计算机系统的可靠性，采用双机系统。双机系统通常有其各自的内、外存储器及输入/输出设备。通常由一台计算机承担在线运行功能，称值班机，另一台处于热备用状态。当值班机发生故障，监视设备立即自动把备用机在最短的时间内投入在线运行。在这种方式工作时，备用机必须保存与值班机相同的数据库。采用这种主一备工作方式时，备用机还可用于软件的维护和开发、对运行人员的模拟培训以及一些离线计算等。

双机系统的另一种工作方式是主一副工作方式。通常一台计算机为主，担负在线运行的主要功能，另一台为副，担负较次要的在线运行功能和辅助的或离线的功能。在主机发生故障时，自动使副计算机承担起主计算机的功能。

双机系统的第三种工作方式是双机完全平行工作，不存在主一备机或主一副机切换时带来的复杂性。为了保证可靠性，在双机系统中，前置机通常也采用双机方式。

（3）分布式系统

分布式系统是把系统的各项功能分散到多台计算机中去，各台计算机之间用局域网相连并通过局域网高速交换数据。人机联系的处理机也以工作站方式接在局域网上。

分布式系统采用标准的接口和介质，把整个系统按功能分解分布在网络的各个节点上，数据实现冗余分布，提高了系统整体性能，降低了对单机的性能要求，提高了系统的安全性和可靠性，且系统的可扩充性增强。

2. 人机联系设备

电力系统采用调度自动化系统后，要求调度人员利用这一系统全面、深入和及时地掌握电力系统的运行状况，做出正确的决策和发出各种控制命令，以保证电力系统的安全和经济运行。另外，调度人员还必须不断地监视调度自动化系统自身的工作，了解各种设备的实时状态。

为了能够完成上述各项任务，调度自动化系统必须能够实现人机对话。调度自动化主站系统中的人机联系设备就是为了实现人机对话而设置的，它是调度自动化中操作人员和计算机之间交换信息的输入和输出设备。这类设备分为通用和专用两种。

3. 图形系统

图形是直观地显示电力系统运行状况的重要手段。SCADA 系统软件模块中的图形系统，一般都能够绘制出表示电力系统运行状况的各种图形，它们是网络潮流图、厂站主接线图、曲线图、扇形图、棒图、地理接线图、数据表格及文字说明等。

4. 前置机

调度自动化主站系统的数据采集与处理子系统，常称为前置机（Front-end Processor）系统。前置机系统包括从调制解调器到前置机的软、硬件。前置机系统是各厂站远动信息进入主站系统的关口。

接收多个 RTU 的远动信息是前置机的主要功能。由于系统中的 RTU 可能是不同厂家、不同型号的产品。RTU 发送远动信息时，可能采用不同的规约，因此前置机在设计通信软件时，应该使前置机的通信口能够绑定不同的规约。

在各级调度所里，调度模拟屏在调度控制台对面的墙壁上，用以集中宏观地显示整个电力系统的运行情况。模拟屏一般采用各种模型元件组成系统的单线团。其中的断路器、隔离开关是用灯光的颜色表示其分合位置，在事故跳闸时相应的断路器图形闪光。在各线上还镶嵌有电流或功率的指示仪或数字显示器。这样，整个电力系统当前的结构状态、运行参数及潮流分布都能一目了然。模拟屏与彩色屏幕显示器配合使用，既有宏观显示，又有局部的详细显示，给调度人员提供了极大的方便。

5. 数据库系统

在调度自动化系统中，数据库系统是实现有组织、动态地存储大量电网数据，方便多用户访问的由计算机组成的系统。各种高级应用软件，其功能的最终操作对象都是数据。因此，也可以说，数据库系统是调度自动化系统的核心。

调度自动化系统的数据库分为实时数据库和历史数据库。实时数据库主要用于实时数据的储存，由于其对实时性要求较高，一般采用专用的数据库。历史数据库主要用于对历史数据的储存，一般采用商用数据库，如 ORACLE、SQL Server、SYBASE 等。

六、电力系统远动终端单元

远动终端（Remote Terminal Unit，RTU）是电网监视和控制系统中安装在发电厂或变电站的一种远动装置，简称 RTU。RTU 采集所在发电厂或变电站表征电力系统运行状态的模拟量和状态量，监视并向主站传送这些模拟量和状态量，执行主站向所在发电厂或变电站发控制和调节命令。

（一）远动终端单元 RTU 的功能

远方终端 RTU（也常称为远动终端）是电网调度自动化系统基础设备，

它们安装于各变电站或发电厂内，是电网调度自动化系统在基层的“耳目”和“手脚”。RTU采集所在发电厂或变电站表征电力系统运行状态的模拟量、状态量等，监视并向调度主站传送这些量，执行调度主站发往所在发电厂或变电站的控制和调节命令。

1. 四遥

（1）遥测（Tele-measurement，YC）：即远程测量。采集发电厂、变电站的各种运行参数，将采集到的主要参数按规约传送给调度主站。通常，一台RTU可以处理几百个遥测量。

（2）遥信（Tele-indication，YX）：即远程信号。采集发电厂、变电站的设备状态信号，将采集到的主要参数按规约传送给调度主站。这些状态信号包括：断路器和隔离开关的合闸或分闸状态、主要设备的保护继电器动作状态、自动装置的动作状态；一些运行状态信号，发电机组开或停的状态信号、远动及通信设备的运行状态信号等。通常，一台RTU可以处理几百至几千个遥信量。

（3）遥控（Tele-command，YK）：即远程命令。根据接收到的调度命令，执行改变运行设备状态的命令，如发电机组的启停命令、断路器的分合命令、并联电容器和电抗器的投切命令等。通常，一台RTU可以实现对几十个设备的远方操作。

（4）遥调（Tele-adjusting，YT）：即远程调节。根据接收到的调度命令，执行改变运行设备参数的命令，如改变发电机有功出力和励磁电流的设定值，改变变压器分接头的位置等。通常，一台RTU可以实现对几个或十几个设备的远方调节。

2. 数据通信

按预定通信规约的规定，自动循环（或按调度端要求）地向调度端发送所采集的本厂站数据，并接收调度端下达的各种命令。

3. 其他功能

就地功能：就地功能是指RTU通过自身或连接的显示、记录设备，就地实现对电网的监视和控制的能力。对有人值班的较大站点，如果配有监视器、打印机等，可完成显示、报表、打印功能，越限告警功能，事件顺序记录功能，对时功能，转发功能等。

自诊断功能：该功能反映了装置的可维护能力，程序出错死机时自行恢复功能，自动监视主、备通信信道及切换功能，个别插件损坏诊断报告等功能。

（二）远动终端单元的结构

1. 单 CPU 的结构

早期的微机化远动终端多为单CPU结构，即所有的数据处理由一个CPU完成，它负责管理其他各模块，各种功能的扩展，如模拟量采集、开关量采集通过输入/输出口实现。

RTU 的工作程序和某些固定参数存放在只读存储器，遥测、遥信等数据暂存于随机存储器。模拟量输入（通道）等各模块都通过各自的接口电路与总线连接。屏幕显示器（监视器）、打印机等人机联系设备也通过接口电路与总线相连。MODEM 是调制解调器，按通信规约编码组帧后的信息经 MODEM 送上通信信道，与主站进行远程数据通信。

RTU 是实时监控系统中的一个组成部分，显然，RTU 运行的软件是实时软件。实时性软件要完成的任务由定时或不定时触发产生，可用中断服务程序来完成。因此，单 CPU 的 RTU 软件包括一个主程序和多个中断服务程序。主程序完成对整个系统的初始化和人机联系的功能。中断服务程序完成 RTU 的输入和输出功能，主要包括实时时钟中断服务程序、A/D 结束中断服务程序、字节发送空中断服务程序和字节接收满中断服务程序等。

2. 多 CPU 的结构

较大厂站采集和处理数据较多，单 CPU 结构难以胜任，此时可采用多 CPU 结构的 RTU 基本框图。所谓多 CPU 是指多个 CPU 分工协作共同完成 RTU 功能的一种 RTU。

这种 RTU 由一个主控系统和多个子系统组成，主控系统和每个子系统都带有 CPU。子系统中的 CPU 负责子系统范围内的数据采集或执行命令，并与主控系统的 CPU 通信；主控系统的 CPU 负责管理各子系统，并与主站通信以及人机联系。采用多个 CPU 构成 RTU，有利于提高 RTU 采集和处理远动信息的能力。

每个子系统中的 CPU 运行相应子系统的软件，这些软件都包括一个主程序和一个或多个中断服务程序。主控系统的 CPU 软件主要包括与子系统内 CPU 的通信程序、与主站的通信程序、数据处理程序以及人机联系程序。多个从 CPU 运行各自的程序，主、从 CPU 协调工作，共同完成 RTU 功能所指定的任务。

3. 中断与中断优先权

由于 RTU 的任务对实时性要求较强，所以 RTU 的任务大多数采用中断方式完成。因此，RTU 在实时运行中可以出现多个中断源，故需采用一片 8259A 来扩展中断输入，使整个系统可扩展到 12 级中断服务。

8085A 中的五条中断输入线，其优先级别是不相同的。TRAP 中断是不可屏蔽的，这是级别最高的中断，它用来处理掉电等最为紧急的事故。RST5.5、RST6.5、RST7.5 中断可用 SIM 指令屏蔽。SIM 指令是一条中断屏蔽置数指令，它把累加器数据中的屏蔽标志置“1”或“0”，从而决定该屏蔽标志位所相应的中断请求是否允许。累加器数据中的位 0、位 1 和位 2 分别相应于 RST5.5、RST6.5、RST7.5 中断请求的屏蔽标志位，它用 RIM 指令读入。INTI 用来使 CPU 接受一条由外部电路送到数据总线上的 RST 指令，并根据该指令转移到相应 8 个中断服务程序入口之一。INTR 也可受 8259A 的控制，从而直接产生一条调用子程序的 CALL 指令。CALL 指令调用的地址是 16 位的，经过程序预先安排，它可以指向系统存储器中任一地址的中断处理子程序的入口。

（三）遥控输入与输出

1. 遥控及命令执行过程

遥测和透信是厂站向主站传送信息，遥控是主站向厂站端下达的操作命令，直接干预电网的运行。所以，遥控要求有很高的可靠性。在遥控过程中，采用“返送校核”的方法，实现遥控命令的传送。所谓“返送校核”是指厂站端 RTU 接收到主站的命令后，为了保证接收到的命令能正确地执行，对命令进行校核，并返送给主站的过程。在遥控过程中，主站发往厂站 RTU 的命令有三种，即遥控选择命令、遥控执行命令和遥控撤销命令。遥控选择命令包括两个部分：一个是选择的对象，用对象码指定对哪一个对象进行操作；另一个是遥控操作的性质，用操作性质码指示是合闸还是分闸。遥控执行命令指示 RTU 接收到的选择命令、执行指定的开关操作。遥控撤销命令指示 RTU 撤销已下达的选择命令。厂站 RTU 向主站传送的校核信息，用以指明 RTU 所收到命令与主站原发的命令是否相符以及 RTU 能否执行遥控选择命令的操作。

遥控命令是根据当时电网的运行状态形成的，其时效性很强。对厂站端 FTU 说来，当接收到遥控选择命令后，启动选择定时器，若超时未收到主站的遥控执行命令，则拒绝执行命令并清除遥控选择命令。如果在遥控过程中遇有遥信变位，则因网络拓扑结构已改变，RTU 自动清除遥控命令。遥控命令，包括返校信息均连送三遍。

2. 遥控输出电路与遥控执行屏的连接

RTU 的遥控输出电路并不直接控制断路器分闸、合闸回路，而是接入遥控执行屏，由遥控执行屏输出信号控制断路器的分闸、合闸操作。

（四）遥调输入与输出

遥调命令的可靠性要求一般没有遥控那样高，故通常不采用返送校核的方式传送遥调命令。RTU 接到主站下达的遥调命令后，就可将命令整定值经 D/A 变换成模拟量信号（模拟遥调输出）或直接将数字量信号（数字遥调输出）输出到对象选择号指定的调节装置执行。

电路的工作原理是：RTU 接收到主站下达的遥调命令后，将命令中的整定值数字量输送给数模转换器。与此同时，根据命令的选择对象，选择遥调输出地址号送多路开关，将数模转换器与遥调装置的输入电路接通，数模转换输出的模拟电压可保持电容充电，并达到相应的电压值。当多路开关切换到其他输出回路后，由于电容放电阻抗大，放电速度很慢，电压能保持一段时间，而电路能根据当前各路的输出数值周而复始地工作，第二次充电很快到来，故此作用相当于“刷新”。因此输出电压得以保持。除接到运调命令外，CPU 可定时“刷新”各路模拟量输出。

（五）RTU 的故障检测

1. RAM 的故障检测

RAM 可能出现的故障有：控制线故障，某些存储单元固定为 1 或 0，有的数据线固定为 1 或 0；地址译码器故障，有的地址线固定为 1 或 0 等几种。从功能考虑，对 RAM 的主要要求是：所选中的地址正确，能读能写，数据正确，各单元互不影响。

远动装置在运行中要检查 RAM 时，为了保护 RAM 中原有的数据，应先将它读出保存，待检查结束后再恢复。检查 RAM 时按单元逐个进行，常用的方法是先将数据 DI 写入 RAM 的指定单元，再读出数据 D01，然后将 DI 的反码 DI 重新写入，再读出数据 D02。检查 D01 和 D02，正常情况下应互为反码，否则说明 RAM 的这一单元有故障。这种检查可以查出上述 RAM 故障，但对于地址线或地址译码器的故障无能为力。

2. ROM 的故障检测

ROM 可能出现的故障与 RAM 相仿（写除外）。由于 ROM 平时不能写入，因而不能用检查 RAM 的先写后读方法。对 ROM 的检查通常采用奇偶校验法。在 ROA 测试区的末尾增加一个校验字，存放按列的奇校验值，在 ROM 固化时一起写入。

检查 ROM 时逐行读出，进行异或操作，最后应得全 1 码，表明各列的奇校验合格。如某列中有奇数值差错就能被检出。ROM 以片为单位进行检查，奇偶检查可定位到片。ROM 的奇偶校验采用奇校验，因为有的故障用偶校验无法检出。奇偶校验只能检出奇数个差错，若一列中有偶数个差错就无法检出。为了提高检错效果，可采用“水平垂直”（纵横）奇偶校验法，对每一行再进行奇校验。

3. CPU 的故障检测

CPU 是微机系统的核心部件，CPU 如有故障就无法进行工作。CPU 的电路相当复杂，从功能来检查比从电路来检查为合宜。CPU 的功能体现在执行各条指令中。指令执行是否正确可以用其他的指令完成同一功能来比较。当然，检查手段的指令本身应该可靠。对于功能不易相互比较的指令可以将指令执行的结果与预定的值比较。对 CPU 的检查，通常就是送入试验数据，通过一系列基本运算段落，对 CPU 的功能分别进行检查，只有功能正确方能继续执行下一段落，否则就指出故障所在区段。通过全部运算段落后可以认为 CPU 工作正常。

4. 模拟量采集及模/数转换的故障检测

模拟量遥测输入回路包括采样多路开关及模/数转换两部分。采样多路开关的故障有：多路开关内部译码器故障，多路开关始终导通、始终断开以及元件特性的变坏引起的测量误差等。模/数转换器中的标准电源、控制逻辑、数模网络、数码寄存器等也可能发生故障，致使模/数转换的结果不合标准。

对于模拟量采集及模/数转换的故障检测也可从功能着手，输入一预先设置的标准电压，考察其转换结果，如合乎要求，就认为无故障。为了检查模/数转换器中固定 1 或固定 0 的故障，可以设置两个标准检验电压，使模/数转换后的结果互为反码。

为了检查采样开关译码电路是否有固定 1 或固定 0 的故障，可以使用两个互为反码的地址。

七、远动系统信息传送

远动系统是指对广阔地区的生产过程进行监视和控制的系统，它包括对必需的过程信息的采集、处理、传输、执行等全部的设备与功能。构成远动系统的设备包括厂站端远动装置，调度端远动装置和远动信道。

（一）数字通信系统模型

远动系统中的厂站设备 RTU 实现厂、站现场的各类信息的采集和处理，并将各类信息按照特定的规约进行组帧，对组帧的信息按照信道进行二进制编码，发送到通道，通道信息通过调制进入信道，在调度主站端，前置机的通道接收到已解调的按照信道编码进行解析，得到信息字，对此信息字进行解帧，得到现场上送主站的各类信息。主站下发命令的过程和上行信息的传递类似。

传输数字信号的通信系统，称为数字通信系统。远动系统中传送的各种远动信息，在进入远动信道之前已经由远动装置将它们全部变成二进制的数字信号，所以传输远动信息的传输系统属数字通信系统。

（二）远动信道

电网调度自动化系统的通信信道有多种，目前应用的有：① 电力线载波通信；② 微波中继通信；③ 光缆通信；④ 音频电缆；⑤ 卫星通信等。

1. 电力线载波通信

为了复用通道，通常规定话音占用 0.3～2.3 kHz 的音频段，而远动或保护信号则占用 2.7～3.4 kHz 音频段。二元制数字信号先经调制器转换成 2.7～3.4 kHz 的正弦数字调频信号，然后与话音共同送入电力载波机。在电力载波机中，这个合并后的信号还要经过两次调制，第一次用中频做导频，第二次用高频做载频，再经功率放大、滤波等环节，最后经结合设备将信导送到高压输电线路上。结合设备还用来隔离高电压。

利用电力线路做通信通道，不必另外增加许多投资，而且电力线路机械结构坚固，运行可靠，使用方便，因而得到了广泛的应用。

2. 光纤通信

光纤通信是目前认为最有前途的一种有线通信方式。目前光纤通信技术已经成熟，并已在电力系统中广泛应用。与其他通信技术相比，光纤通信有以下显著优点：① 传输频带很宽，通信容量大；② 传输衰耗小，适合长距离传输；③ 体积小，重量轻，柔性好，可挠性强，敷设方便；④ 输入与输出之间电气隔离好，不怕电磁干扰；⑤ 抗腐蚀，耐酸碱，可以直埋地下；⑥ 保密性好，无漏信号和串音干扰。

当然光纤通信也有以下缺点：① 强度不如金属线；② 连接比较困难；③ 分路和耦合不方便；④ 弯曲半径不宜太小。

3. 微波中继通信与卫星通信

波长为 0.001～1.0 m、频率为 300 MHz～300 GHz 的无线电波称为微波。微波基本上沿直线传播。由于地球表面是个球面，所以每 40～50 km 就要设置一个中继站，按接力的方式将信号一站站地传送下去，微波传递信号的这种方式称为微波中继通信。

微波中继通信的优点是：微波频段的频带很宽，可以容纳数量很多的无线电频道且不致互相干扰；微波收发信机的通频带可以做得很宽，用一套设备可作多路通信；不易受干扰，通信稳定；方向性强，保密性好；每公里话路成本比有线通信低。因此适合做电力系统通信网的主干线通信。但微波中继通信的设备比较复杂，技术水平要求较高。

4. 特高频（超短波）无线通信

波长 1～10 mm、频率 30～300 MHz 的无线电波称为特高频，特高频以视距范围的空间波形式传输，因多采用定向天线，故受气候影响较小，也不易干扰其他设备或受其他通信干扰。国家无线电管理委员会已颁发了民用电台频率表，并专门给电力部门划分了可用频段。现在已有许多市、县供电局采用无线电通信方式，作为调度自动化系统中负荷控制的信道。这样组成的系统具有结构简单、方便灵活、建设速度快和投资较少等优点，投入运行后都收到了很好的效果。

5. 信道的多路复用

所谓多路复用是指在一个通道上传输多路信源提供的信息，而又互不串扰。复用方式关系到传输信道的资源是否得到充分的利用、信息传输质量的好坏以及系统硬件的复杂性。

（1）频分制

将一个信道分割成不同的频段，每一频段（称为频道）传输一个信号，每个信号的频谱在信道内互不重叠的传输方式叫频分制传输。

（2）时分制

时分即时间分割的简称。时分制信号传输时，每一信号在全部测量周期内只占用一个特定的时刻，也就是每一信号在传输时间互不重叠地排列在同一传输信道之中，只能在它的特定间隔内传输。

（三）远动通信网络

电力系统中远动系统的主站与子站（RTU）之间通过信道传输远动信息。若干远动站通过通信线路连接起来，组成一个远动通信网络。远动通信网络有以下几种基本类型。

1. 点对点配置（point-to-point configuration）

一站与另一站通过专用的传输链路相连，这是一种最基本的一对一方式。

2. 多路点对点配置（multiple point-to-point configuration）

调度主站与若干子站通过各自的链路相连。在这种配置中，主站能同时与各个子站交换数据。

3. 多点星形配置（multipoint-star confguration）

调度主站与若干子站相连。在这种配置中，任何时刻只允许一个子站向主站传送数据。主站可选择一个或若干个子站传送数据，也可向所有子站同时传送全局性的报文。

4. 多点共线配置（multi-partyline configuration）

调度主站通过共用线路与若干子站相连。在这种配置中，同一时刻只允许一个子站向主站传送数据。主站可选择一个或若干个子站传送数据，也可向所有子站同时传送全局性的报文。

5. 多点环形配置（multipoint-ring configuration）

所有站之间的通信链路形成一个环形。在这种配置中，调度主站可用两个不同的路由与各个子站通信。因此，当信道在某处发生故障时，主站与子站之间的通信仍可正常进行，通信的可靠性得到提高。

八、远动通信基本原理

（一）差错控制技术

在信息传输过程中会出现各种干扰。干扰可能使所传输的二元数字信号发生差错。如将“1”变为“0”或反之将“0”变为“1”，使接收端得到错误的信息。要提高数据传输质量，可从硬件和软件两方面采取措施。硬件方面的措施是很费钱的，如采用性能更好的通信方式和信道，采取多种屏蔽措施，甚至移动线路避开或远离干扰源等，但即使这样也不能完全避免干扰。而在软件方面采取措施，既经济又易实现，这就是以下介绍的差错控制措施。差错控制又称为抗干扰编码。

差错控制技术是采用有效的编码方法对要传输的信息进行编码，并按约定的规则附上若干码元（称监督码），作为信息编码的一部分，传输到接收端，接收端则按约定的规则对所收到的码进行检验。若所得出的监督码与发送端传输过来的监督码不匹配，则表明接收信息有错，这就是检错。当然，这种具有检错能力的码是付出了“代价”的，即在有效信息位后面添加了若干位冗余的监督位，这就降低了编码效率。

差错控制的基本类型有：循环传送检错法、反馈重传纠错方式、信息反馈对比法、前向纠错方式、混合纠错方式。

（二）常用的监督码

附加在有效信息位后面的监督码又有校验码、冗余码、保护码等名称，它们像铁路乘警保护旅客一样地保护着传输信息的安全，尽管这样做会降低列车运送旅客的有效运力。常用的监督码构成方式有奇偶校验、纵向冗余校验和循环冗余校验（CRC）等。

1. 奇偶校验

奇偶校验是最简单的监督码构成方式，仅在信息码元后附加一个奇（偶）监督码元，使合成码字中“1”的数量成奇（偶）数。当接收端接收到信息序列后，运用一定的计算规则进行运算，从而判断有无出错。

2. 方阵码检验

方阵码又称水平垂直奇（偶）校验，它以方阵的形式发送和接收信息，同时进行水平方向和垂直方向的异或运算校验。

3. 线性分组码

以 k 个码元表示的一个信息组和用编码器按一定规则加 r 个监督码元组成长为 $n=k+r$ 的码元组，称为码字，即一个 n 位长的码字由 k 位信息码元和 r 位监督码元组成，表示为（n，k）。在（n，k）分组码中，若每一个监督码元都是码组中某些信息元按模 2 和得到的，即监督元是按线性关系相加而得到的，则称其为线性分组码。

4. 循环码

循环码是一种常用的校验码，是线性分组码的一个重要子类。它有严格的代数结构，用代数方法可以找出许多编码效率高、检错纠错能力强的循环码来。由于循环码的编码和检错方法简单，而且具有了许多有效的纠错方法，所以得到了广泛的应用。

循环码校验的原理是：对于一个长度为 k 的二进制信息码元，用 $M(x)$ 表示。发送装置将产生一个 r 位的码元序列，称为监督码序列，用 $R(x)$表示，附加在 k 位的信息码元序列后面，组成总长度为 n 位（$n=k+r$）的循环码序列 $C(x)$，使得这个 n 位的循环码序列，可以被某个预定的生成多项式 $G(x)$ 整除，并把 n 位的循环码 $C(x)$作为一帧信息发送出去。接收装置对接收到的 n 位码元的帧，除以同样的生成多项式 $G(x)$。当无余数时，则认为没有错误，这就是循环冗余校验的实质。

循环码字符的计算可以用软件实现，也可以用硬件实现，一般功能较强的串行输入/输出接口电路，能自动产生循环码字符。

（三）远动通信规约

在电网调度自动化系统中，调度主站与各厂站端 RTU 的数据通信是调度自动化系统非常重要的环节。为保证数据通信正常有序地进行，双方必须遵守一些共同的约定，这些约定就称为通信规约或远动规约。规约按其信息传送方式的不同分为循环式规约（CDT）和问答式规约（polling）两种。

1. 循环式通信规约（CDT）

循环式通信规约是一种以厂站端 RTU 为主动端自发不断循环向主站上报现场数据的数据传输规约。在厂站端与主站的远动通信中，RTU 周而复始地按照一定规则向主站传送各种信息。主站也可向 RTU 传送遥控、遥调、时钟对时等信息。在循环传送方式下，RTU 无论采集到的数据是否变化，都以一定的周期周而复始地向主站传送，RTU 独占整个通道。

2. 问答式通信规约

采用问答通信方式可以适应全部通信网络。除点对点之外，其余各种如多点串接、多点环形、多点星形等网络等都可以节省通道投资。而 CDT 规约则只能适用于点对点通信网络。

子站的远动数据种类不一，可按其特性和重要程度加以分类，对于重要的、变化快的数据，采样扫描周期应短一些。对于不重要的、变化缓慢的数据，采样扫描周期可以长些。各种远动数据可以选择相应的扫描周期。RTU 可提供几种类别的扫描周期。划分为类别后，主站在需要时可以向子站查询某些类别的数据。

（四）信息传输系统的质量指标

1. 可用率

信息传输系统的运行时间指整个系统保证基本功能正常的待续时间。运行中某个设备坏了但不影响调度自动化的基本功能，“坏了”的时间也应算在运行时间之内。停用时间是系统丧失基本功能而不能运行的时间，包括故障时间和维修时间在内。信息传输系统的可用率应大于电力系统调度自动化系统的可用率。

2. 误码率

尽管目前广泛应用较不易受干扰的二元制数字传输系统，但仍不可避免地会受到干扰，引起误码。通常以传输的码元中发生差错码元的概率作为传输质量的一个指标，称为误码率。一般要求误码率不大于平均传输 100 000 个二元制码出现 1 个误码。

3. 传输速率

传输速率通常以码元传输速率来衡量。码元传输速率定义为每秒钟传输码元的个数，单位为 bps（波特）。码元传输速率也称为码元速率和波特率，它仅表征每秒传送码元的个数，并未表明是二元制的码元，还是哪一种多元制的码元。目前，波特率已日益趋向标准化。一般低速信道为 300 bps 或 600 bps，高速通信为 900 bps、1 200 bps，乃至 2 400 bps、4 800 bps 和 9 600 bps。

数字通信中的传输速率也可以用信息传输速率来表征。信息传输速率定义为每秒钟传输的信息量，单位是 bit/s（比特/秒）。bit（比特）在信息论中是衡量信息的单位，信息传输速率又称为信息速率或比特速率。

参考文献

［1］邹德志，王卓男，王磊. 集装箱建筑设计［M］. 南京：江苏凤凰科学技术出版社，2018.

［2］张广媚. 建筑设计基础［M］. 天津：天津科学技术出版社，2018.

［3］乌兰，朱永杰. 建筑设计基础［M］. 武汉：华中科技大学出版社，2018.

［4］贾宁，胡伟. 建筑设计基础·第 2 版［M］. 南京：东南大学出版社，2018.

［5］潘晓霞. 虚拟现实与人工智能技术的综合应用［M］. 北京：中国原子能出版社，2018.

［6］成于思. 人工智能技术在建设工程争议解决中的应用［M］. 南京：东南大学出版社，2018.

［7］蓝敏，殷正坤. 人工智能背景下图像处理技术的应用研究［M］. 北京：北京工业大学出版社，2018.

［8］陈煊，肖相月，游佩玉. 建筑设计原理［M］. 成都：电子科技大学出版社，2019.

［9］杨龙龙. 建筑设计原理［M］. 重庆：重庆大学出版社，2019.

［10］张根凤. 图说建筑设计［M］. 北京：机械工业出版社，2019.

［11］郭屹. 建筑设计艺术概论［M］. 徐州：中国矿业大学出版社，2019.

［12］卓刚. 高层建筑设计第 3 版［M］. 武汉：华中科技大学出版社，2020.

［13］贠禄著. 建筑设计与表达［M］. 长春：东北师范大学出版社，2020.

［14］张文忠. 公共建筑设计原理［M］. 北京：中国建筑工业出版社，2020.

［15］何培斌，李秋娜，李益. 装配式建筑设计与构造［M］. 北京：北京理

工大学出版社，2020.

［16］杨方芳. 绿色建筑设计研究［M］. 北京：中国纺织出版社，2021.

［17］刘涛，袁建林，王晓虹. 建筑设计与工程技术［M］. 天津：天津科学技术出版社，2021.

［18］朱文霜，梁燕敏，张欣. 建筑设计教程［M］. 长春：吉林人民出版社，2021.

［19］李琰君. 绿色建筑设计与技术［M］. 天津：天津人民美术出版社，2021.

［20］刘哲. 建筑设计与施组织管理［M］. 长春：吉林科学技术出版社，2021.

［21］陈亚娟，胡竞，周福亮. 人工智能技术与应用［M］. 北京：北京理工大学出版社，2021.

［22］侯刚. 大数据背景下的人工智能技术与应用研究［M］. 北京：北京工业大学出版社，2021.

［23］张丽丽. 绿色建筑设计［M］. 重庆：重庆大学出版社，2022.

［24］陶花明，王志，顾岩作. 城市规划与建筑设计研究［M］. 长春：吉林科学技术出版社，2022.

［25］滕凌. 建筑构造与建筑设计基础研究［M］. 长春：吉林科学技术出版社，2022.

［26］陈春燕，安文，吴亚非. 现代建筑设计与创意思维探索［M］. 长春：吉林科学技术出版社，2022.

［27］解谦，张睿，段虎才. 智能系统与技术丛书·移动终端人工智能技术与应用开发［M］. 北京：机械工业出版社，2022.

［28］袁强，张晓云，秦界. 人工智能技术基础及应用［M］. 郑州：黄河水利出版社，2022.

［29］安俊秀，叶剑，陈宏松. 人工智能原理、技术与应用［M］. 北京：机械工业出版社，2022.

［30］朱雷，吴锦绣，陈秋光. 建筑设计入门教程·第2版［M］. 南京：东南大学出版社，2023.

[31] 金常江. 从行为到形式·现代景观建筑设计表现研究 [M]. 北京：中国戏剧出版社，2023.
[32] 刘国元. 乡村振兴视角下乡村建筑设计研究 [M]. 北京：北京工业大学出版社，2023.
[33] 李青. 现代住区规划及住宅建筑设计与应用研究 [M]. 北京：北京工业大学出版社，2023.
[34] 孙宁，徐巍，向梦华. 工程建设理论与实践丛书建筑设计与施工技术 [M]. 武汉：华中科技大学出版社，2023.
[35] 沈迪，张俊杰，姜海纳. 20 世纪 80 年代上海典型高层建筑·华东建筑设计院口述记录 [M]. 上海：同济大学出版社，2023.
[36] 俞天琦. 绿色建筑设计原理 [M]. 北京：中国建筑工业出版社，2023.
[37] 谭劲松，王婧逸，许扬帆. 建筑设计基础 [M]. 哈尔滨：哈尔滨工程大学出版社，2023.
[38] 谭英丽，田雪莲，张智恒. 人工智能应用技术与计算机教学研究 [M]. 北京：中国商务出版社，2023.
[39] 申时凯，佘玉梅. 人工智能时代智能感知技术应用研究 [M]. 长春：吉林大学出版社，2023.
[40] 白辰甲，赵英男，郝建业. 人工智能科学与技术丛书强化学习前沿算法与应用 [M]. 北京：机械工业出版社，2023.
[41] 刘相权，秦宇飞. 机器人和人工智能技术丛书 CoppeliaSim 在机器人仿真中的应用实例 [M]. 北京：北京邮电大学出版社，2023.
[42] 谢文伟，印杰. 人工智能技术丛书深度学习与计算机视觉核心算法与应用 [M]. 北京：北京理工大学出版社，2023.